中国之光

说说那些重要的科技成就

陈露晓　著

北方联合出版传媒(集团)股份有限公司
万卷出版有限责任公司

图书在版编目（CIP）数据

中国之光：说说那些重要的科技成就 / 陈露晓著. —
沈阳：万卷出版有限责任公司，2022.4（2023.12重印）
ISBN 978-7-5470-5909-8

Ⅰ. ①中… Ⅱ. ①陈… Ⅲ. ①科学技术—技术发展—
成就—中国 Ⅳ. ①N12

中国版本图书馆CIP数据核字（2022）第001925号

出 品 人：王维良
出版发行：北方联合出版传媒（集团）股份有限公司
万卷出版有限责任公司
（地址：沈阳市和平区十一纬路29号 邮编：110003）
印 刷 者：辽宁新华印务有限公司
经 销 者：全国新华书店
幅面尺寸：170mm × 230mm
字 数：220千字
印 张：20
出版时间：2022年4月第1版
印刷时间：2023年12月第5次印刷
责任编辑：张洋洋
责任校对：高 辉
装帧设计：马婧莎
ISBN 978-7-5470-5909-8
定 价：42.00元
联系电话：024-23284090
传 真：024-23284448

立足科技成就，展望祖国未来

科技文明始终是人类文明的一座灯塔。翻开浩如烟海的人类文明史，其中关于科技文明的记载是不可或缺的重重一笔。

古往今来，人们在探索着对幸福生活追求的同时，总是深耕科学技术领域。科学技术，作为人类与大自然博弈的重要手段，在征服大自然过程中满足生存的需要，维护着生命的尊严，构建人们向往的家园和国度。在这一串串智慧结晶的留存与追逐的历程中，推动着人类社会的进步。

在当下科学技术迅猛发展的国际大环境中，在中国特色社会主义新时代，科技创新已成为时代的最强音。作为祖国发展的未来主力军，作为民族未来的脊梁，对科学技术知识的学习已成为新时代青少年的关键能力，将科技素养进行内化已成为新时代青少年的必备品格。对任何一种科学技术发明知识的学习，都是对其基本原理的理解消化，在熟知其核心知识的逻辑关系和其功能导向基础上，养成解决问题的严谨思维能力，从而在现实生活中的问题导向下，学会应用实践，学会进行举一反三的迁移和创新。

科学技术，其最大的意义就是服务于人们，贡献于人类，在我们现实生活中已是无处不在。从衣食住行，到智能家电；从卫星电视频道，到车载导航系统；从扫码支付，到云数据、云网盘，科技带来的便利早已在我们的身边遍地开花。触目可及的科学技术知识，不只是提升我们的物质生活水平，同时为我们的精神生活提供了丰富多彩的可视、可闻、可触摸的新手段，如新媒体、网络电视、UR、VR 等。

我们不难看出任何一项技术发明和科技创新，都是基于解决生存和生活中的问题，然后又应用和服务于生活，大到维护国家主权、捍卫民族尊严，利国利民的道路桥梁等基础设施的建设，小到百姓的饮食起居。

基于此，我们从中华人民共和国成立以来的科学技术成果中，选择具有重大节点意义的事件一一进行梳理。从其科学成就的立意出发，让青少年朋友们懂得技术服务于人类的“仁爱”之心，从而激发个人理想和社会理想融合的格局意识；从其幕后英雄的平民式成长故事讲述，让青少年朋友们懂得伟人亦是平凡和朴素的，从而可以代入式地激发志向高远的情操。

本书融技术性、知识性和趣味性于一体，在理性客观的科学知识、科技成就介绍的同时，佐以趣味性的讲解，让青少年朋友能在理解和掌握基本的科学原理和方法基础上，有实证意识和严谨的求知态度，能运用科学的思维方式认识事物、解决问题、指导行为；在具有好奇心和想象力基础上，积极寻求有效的问题解决方法，养成坚持不懈的探索精神等。

以小见大，知微察著。从内核知识到应用实践，从人物成长到科研的艰辛历程，从知识、技能到情感、态度、价值观，在过程和方法中，让新时代的青少年，懂得科技与生活的关联，懂得新中国繁荣和富强的来之不易。特别是通过对祖国一些领先于世界的重大科技成就的了解，帮助广大青少年更加牢固地树立四个自信观念，深刻地认知众多科技成就的取得离不开中国特色社会主义道路、理论、制度、文化的根源，激发广大青少年强烈的爱国主义意识，养成深厚的民族情怀。

马新国

2021 年 10 月 20 日

目录
Contents

第二章　生命研究：栽花成朵，插柳成荫

第三章　能源深掘：野火不尽，春风又生

第四章　雄伟工程：纵横南北，天堑通途

第五章　信息科技：连接你我，盛世景象

第九章　创新中国：多方驱动，复兴梦圆

第一章

1

深厚基础：理论自信，传统现代

第一节　数学王国，璀璨明珠

名动日本，一心为国的陈建功

名动日本的陈建功

1929 年，一位名叫陈建功的中国留学生，在日本著名的东北帝国大学获得理学博士学位，他的导师藤原教授在庆祝会上动情地说："我一生以教书为业，没有多少成就。不过，我有一位中国学生，名叫陈建功，这是我一生最大的光荣。"

在那个中国积贫积弱的年代里，日本已经步入发达国家的行列，日本人普遍看不起中国留学生，但陈建功却可以得到如此高的评价，可见其出类拔萃，那么他获得了怎样的成就呢？

陈建功是浙江绍兴人，幼年时好学，一直是文理兼优的好学生，在数学方面成绩尤为突出。从 1913 年到 1929 年，陈建功先后三次东渡日本求学，直到 1929 年获得日本理学博士学位。他是 20 世纪初的中国留日学生当中首位获得理学博士学位的，也是在日本取得这一成绩的首位外国科学家。要知道，当时在日本获得理学博士学位的难度是非常大的，因此，这件事轰动了整个日本。

最能证明陈建功学术功底的，还是他的翻译工作。他的导师藤原教授苦于当时日本在三角函数专业领域根本没有日文著作，所以只能以英文授课，使用英文教材。藤原教授便委托陈建功以日文撰写一部《三角函数论》高校教材。陈建功欣然领命，并圆满完成了任务。这部教材，既能够反映当时的国际最新成果，也涵盖了陈建功自身的一些研究心得。由于当时日本在三角函数方面的很多领域还是一片空白，所以很多英文名词都没有恰当的日语名词对应。因此，陈建功在写书时首创了很多的日文专业名词，至今依旧被日本延用。这也是陈建功为日本数学发展做出的突出贡献。这部著作在几十年后，依旧是日本数学界重要的参考文献之一。

一生为国，不慕富贵

博士毕业后，学校和导师都希望陈建功能够留在日本，但他毅然选择回到祖国。回国后，陈建功受聘为浙江大学数学系教授，与随后获得日本理学博士学位的苏步青教授一起，在 1931 年创办数学讨论班，对青年教师与高年级大学生进行严格的训练，培养他们独立工作与科研的能力。从此两位教授密切合作长达 20 余年，为国家培养了大批人才，形成了国际上广为称道的“浙大学派”，也称“陈苏学派”。这一学派代表着中国函数论和微分几何研究的最高水平，培养了多位杰出的数学人才。

1937 年，抗日战争全面爆发，浙江大学从杭州出发，不断西迁，辗转数千里，耗时两年多，才最终迁到贵州。陈建功把家眷送回了绍兴老家，只身随学校西行，沿途多次遭受日机轰炸，生活曾经极度困苦，但他对学术研究和对教学的热情始终没有衰退。他表示：“决不留在沦陷区！”“一定要把数学系办下去，不使其中断。”

1945 年抗战胜利，浙江大学迁回杭州。生物学家罗宗洛邀陈建功前往台湾，接手刚从日本人手中收回的台湾大学，并邀请陈建功出任台湾大学代理校长。临行前，陈建功对同事说：“我们是临时去的。”1946 年春，他又回到浙江大学任教。1947 年，他应邀去美国普林斯顿研究所任研究员。美国优越的科研与生活条件并没有打动他，他始终牵挂着自己的祖国。一年后他又回到浙江大学。

1949 年，杭州解放，陈建功随即意识到，今后中国会与苏联有日益频繁的学术交流，于是率先学习俄文，又带领学生深入研究苏联的数学成果。1950 年，朝鲜战争爆发，为了保卫祖国，陈建功还主动送儿子参军。

1958 年，古稀之年的陈建功应上海科技出版社之约，将自己数十年在三角级数方面的研究成果，再结合国际上的最高成就，写成恢宏巨著《三角级数论》。此后，陈建功继续努力钻研、提携后学，直到 1971 年因病去世。

蜚声世界的“陈苏学派”

“陈苏学派”是蜚声世界的著名数学流派，陈建功教授和苏步青教授在浙江大学数学系执教，相继培养了程民德、谷超豪、夏道行、王元、胡和生、石钟慈、沈昌祥等多位院士，和熊全治、杨忠道、周元燊等一批海内外知名学者，而这些专家学者又培养了更多的学术骨干。如今，这个学派开枝散叶，影响已经遍及国内外。“陈苏学派”正是两位赤心为国的学者相知相惜、奋斗一生的伟大成果。

陈建功在启程回国之前，和同在日本求学的苏步青击掌相约："两年之后我在浙江大学为你摆酒接风，我们一定要把浙大数学系办成全国，乃至世界上著名的数学系。"

两年之后，苏步青被国内多所著名大学争相高薪聘请，条件都比浙大优厚，日本的大学也曾高薪挽留，但苏步青还是如约来到浙大。陈建功毫不犹豫地把自己数学系系主任一职让给了更年轻、更有朝气的苏步青。苏步青后来曾回忆，他之所以如此坚决地赶赴浙大任教，除了浙江是家乡之外，"主要是陈建功教育的结果，他真是我的良师益友"。

陈、苏二人的友谊持续了 45 年，其中共事 29 年，直至陈建功去世。

成就数学之美的教育家——苏步青

东方国度升起的灿烂的数学明星

苏步青，浙江温州平阳人，中国科学院院士，著名数学家、教育家，1927 年毕业于日本名牌大学东北帝国大学的数学系，获理学博士学位，回国后，受聘于浙江大学数学系，后任复旦大学校长。

苏步青出身贫寒，但靠着刻苦学习和努力奋进，22 岁时，以第一名的成绩被日本的东北帝国大学数学系录取。东北帝国大学是日本知名的学府，而苏步青在那里也依旧出类拔萃，每一年都能拿到第一名，在校期间就已经有了一些在研课题，并撰写了多篇在日本学术界有着较大影响力的论文，这在大学生中是凤毛麟角的。

1931年1月，苏步青获得理学博士学位。这时，苏步青在日本学术界已经声名鹊起，并已经娶了日本妻子，有了一个女儿。他本可以继续留在日本过着优渥的生活，但他依旧时刻牵挂着祖国，牵挂着数学研究与教学事业。因此苏步青毅然携妻女回国，在浙江大学任数学系教师。

当时战争的阴云已经笼罩了中华大地，内忧外患，浙江大学也是举步维艰，连工资都发不出来。苏步青克服重重困难，与陈建功先生共同开创数学讨论班，严格要求学生。抗战全面爆发后，浙江大学迁往贵州，苏步青为了躲避日军空袭，被迫躲在山洞里，即便如此，也不忘和学生一起进行讨论研究。英国驻华科学考察团团长、剑桥大学教授李约瑟，在参观了浙江大学理学院数学系后，赞叹“你们这里是东方的剑桥”。

在苏步青的指导和教育下，他的学生中也出现了一大批卓有成就的数学家。在培养了这么多顶尖的专业人才的同时，又是在那样艰苦的岁月里，苏步青没有忘记锤炼自身，抓紧时间进行研究和写作，从1928年到1948年的20年间，虽饱经战乱和颠沛流离，但依旧撰写了41篇高质量的研究论文，陆续发表在日本、英国、美国、意大利的数学刊物上。国际数学界称苏步青是“东方国度升起的灿烂的数学明星”。

了不起的“苏步青效应”

历史上名家大师辈出，但自身出类拔萃的同时，弟子也大多成就斐然的就不多见了，或许有一二人做出成就的，但多数都泯然众人。这些弟子在老师生前，还能被带动着做出一些成就，但当大师离世，弟子们往往再难有作为。远的不说，看看现代的一些著名实验室就可见端倪：丹麦物理学家玻尔是一代物理学大师，他培养了许多优秀的学生，把量子论发展成量子力学，形成世界知名的哥本哈根学派。但玻尔死后，其创建的玻尔研究所很快就衰落了。德国物理学家冯·卡门虽然培养了众多的杰出科学家，形成技术科学领域著名的卡门学派，但卡门去世后，这个学派同样衰落了。

我们探究其中的根源，其实现代科学知识的增长，并不是简单的线性增长，也不是平方增长，而是一种特殊的超越函数增长的方式。说得简单一些，现代科技发展迅速，每过若干年，知识总量就要翻一番。在这种历史情况下，任何一个领域（或学科），想要稳定保持指数增长的势头，就必然要有全新的学科（或领域）涌现，而全新的学科领域，又往往需要年轻的科学家进行开拓。这样一来，现代科学也就向现代教育提出了一个重大的问题：这样众多的开拓性科学人才从哪里来？这就要求每一个科学家能培养出更多超越自己的学生，去完成新兴学科的探索与钻研。一个学派，如果其中的科学家只能"复制"和自己一样水平的科学人才，那么最终结果就是学生"离开老师就不会走路"，这个学派的科学研究能力，就必然会衰落。

但说起来简单，真正要做到培养出多位青出于蓝的弟子，又谈何容易？这不仅要求老师本身学术成就极高，胸怀宽广，既善于研究治学，又善于传道授业解惑，还要高瞻远瞩，引导学生走出自己的道路，这不是每个老师都能做到的。

苏步青教授就是极为难得的拥有这样能力的老师，他本身是世界著名的数学家，同时也为我国培养了一代优秀的学者，其中有的也已然成为世界知名的数学家：中国科学院谷超豪院士、胡和生院士，数学教授张素诚，中国科学院数学研究所研究员白正国，杭州大学数学系教授吴祖基，郑州大学数学系教授熊全治……

有一次，苏先生在接见自己的学生时说：“人家都说‘名师出高徒’，我看还是‘高徒捧名师’。我自己并没有什么了不起的地方，倒是你们出名了，把我捧出了名。但是，我要说，有一点你们还没有超过我，那就是我培养了一代像你们这样出色的数学家，而你们还没有培养出超过自己的学生。”“满案簿书双睡眼，毕生事业一教鞭”是苏步青对自己一生事业的总结，也是他一生理念的真实写照。苏先生一直坚信教师的天职就是培养超过自己的学生。我们将培养出超过自己的学生的教育现象称为“苏步青效应”。

苏先生在现代科学日渐完善的情况下，在文明惰性相对强的东方文化背景下实现了“苏步青效应”，践行的是难能可贵且值得歌颂的“师道”和“师德”！

“苏步青效应”从何而来

苏步青培养优秀学生的方法是什么呢？一是鼓励他们尽快赶上自己；二是不挡住他们的成才之路；三是在背后推他们一把。

苏先生登台授课60年如一日，培养了大批数学英才，以严谨的治学态度在潜移默化当中影响着学生，同时以宽厚仁慈的胸怀包容着学生，以苦心孤诣的钻研精神激励着学生。

苏步青不但自己水平极高，而且具有极强的前瞻性，能够引导学生走向与自己不同的道路，同时，有勇于开拓的勇气，不被自身认知所局限。现代科学领域，一个人的研究视角和理念一旦形成，就很容易对其他研究视角或方向产生强烈的排斥感，很难接受其他人提出的不同观点，这就可能给自己的学生和后来人带来沉重的束缚。比如，量子理论的创始人大物理学家普朗克，他是最早提出“量子”概念的人，打破了牛顿经典力学的绝对统治地位，但是他又不同意爱因斯坦的“光量子”学说。可见，发挥“苏步青效应”是极度困难的，也是难能可贵的。那么，苏步青先生的高足们又都有哪些成就呢？

谷超豪教授，中科院院士，在一般空间微分几何学、齐性黎曼空间、无限维变换拟群、双曲型和混合型偏微分方程、规范场理论、调和映照和孤立子理论等方面取得了系统、重要的研究成果。而他的弟子中又涌现出李大潜、洪家兴、穆穆等 9 位院士。

胡和生教授，中国科学院院士，第三世界科学院院士，复旦大学教授。她从事黎曼空间的运动群与迷向群的研究，解决了数学界争论了 60 年的重要问题，在国际上产生很大影响。在规范场研究方面也取得了重要成果。谷超豪与胡和生是夫妻，同为中科院院士，也是学术界的一段佳话。

此外在海内外拥有极高名望的张素诚、白正国、吴祖基、熊全治等多位教授、学者也都是出自苏步青门下，他们在微积分、微分几何等多个学术领域和教育方面都做出了极大的贡献。

“桃李春满园，门徒九院士”的谷超豪

人言数无味，我道味无穷

作为数学家，他一生硕果累累；作为教育家，他桃李满天下。他开创了中国数学研究的新时代，他的弟子中有9人成为中国科学院或中国工程院院士；他和妻子同为中国科学院院士，是学术界的一段佳话……他就是我国著名的数学家谷超豪。

浙江温州自古人杰地灵，向来有“数学家之乡”之称，中国首家数学专业杂志的创始人黄庆澄、“中国现代数学播种人”之一的姜立夫、“东方第一几何学家”苏步青等都生于斯、长于斯，而这里的一方水土也将谷超豪和数学紧密地联系在一起。

最早让谷超豪对数学开始有鲜明记忆的，是小学三年级时学习循环小数，无穷无尽的循环小数让谷超豪倍感新鲜，“你抓不住它，但却可以尽情想象”。到了六年级时，大家开始学习古代的经典数学题“鸡兔同笼”“童子分桃”等，当别的孩子还在靠死记硬背时，谷超豪却琢磨着用更简单的方法来解决。他拿来哥哥的代数书研究着，无师自通就想到用方程来解决的便捷方式。

1938年，谷超豪考入温州中学。学校雄厚的师资力量和启发性的教育方式让谷超豪有了飞快的进步。一次，数学老师问：“一个四边形，每边边长都是1，面积是否为1？”谷超豪想了想说：“不一定。四边形一压就成为直线，此时面积为 0。”这样的思维方式对于一个孩子来说，是非常难能可贵的。谷超豪后来回忆：“对我影响最大的，是刘薰宇的《数学园地》。它介绍的微积分和集合论的初步思想，把我带入了一个全新的世界。”

当时，抗战已经全面爆发，山河满目疮痍。谷超豪认为大好青年应当以救国救民为己任，并利用自然科学改造世界，自己应当努力去实践这两件事。

从此，一是身为科学家，二是作为革命者，两种身份，殊途同归的使命，成为谷超豪人生历程当中的两大原动力。1940 年，年仅 14 岁的谷超豪加入了中国共产党，积极参与抗日宣传活动，为救亡图存贡献自己的力量。1943 年，谷超豪考入浙江大学龙泉分校学习数学。

谷超豪在积极求学的同时，始终坚持积极从事党的地下工作，组织求是学社，学习马列主义，参加学生运动。谷老回忆：“在搞地下工作的时候我就不想数学，在钻研数学的时候也不想地下工作。我觉得自己是幸运的，能有精力平衡好两者。”

大学三年级时，他遇到了影响自己一生的恩师苏步青。苏先生条理清楚、推理严谨、图文并茂的授课方式，让他如醉如痴。苏先生指定他阅读一篇有关变分反问题的论文，论文篇幅近百页，艰涩难懂，还涉及他此前从未接触过的知识。但谷超豪下定决心苦学，终于啃下了这块硬骨头。从此，他对解读艰深的学术著作有了足够的信心。

1948 年，谷超豪毕业留在浙江大学任教。苏步青先生让他管理图书室，这对于他来说可是“美差”，“东翻西看”非常方便，一边打基础，一边可以做一些有创造性的课题。对于数学研究事业，正如谷超豪所说:“人言数无味，我道味无穷。”在无边的数学知识海洋里，他如鱼得水，恣意畅游。

中国数学科学的奠基与培育者

谷超豪在从事地下工作时曾屡立功勋，中华人民共和国成立后，本可以转为行政领导，但他看到百废待兴的国家更需要科研工作者，于是决定留在科研第一线，将全部精力投入到科研中。1953 年，全国高校院系调整，谷超豪跟随恩师苏步青来到上海复旦大学任教。

20 世纪 50 年代初，谷超豪从事古典微分几何的研究，几年后转而研究计算数学、概率论、偏微分方程，这几个领域都是当时国家需要的。此外，苏联成功发射第一颗人造地球卫星，也给了谷超豪很大的触动。1957 年，他被公派到苏联进修，在完成规定课程的同时，他有意识地学习了与高速飞行器密切相关的空气动力学，并且别出机杼地从偏微分方程研究的角度切入，解决了空气动力学中许多困难而又至关重要的问题。1959 年，谷超豪获苏联莫斯科大学物理—数学科学博士学位，随后即由微分几何转入偏微分方程和数学物理领域。

现代科学的分工已经非常细致，即使是在数学学科内部，不同的方向也是犹如远隔重山。对于一个科研工作者来说，放弃现有成绩，一切归零后重新出发，是难以想象的艰难。而谷超豪为了国家的发展，迎难而上，更显难能可贵。尽管深爱数学，谷超豪却不认为数学是凌驾于其他学科之上的。相反，他对“数学是科学的仆人”的说法很欣赏:“数学最使人兴奋之处，就在于可以用它来解说或解答各门学科中的重要问题，同时又不断吸收其他学科的成就，扩大和充实自己的研究，为国家建设做出巨大的贡献。”

20 世纪 60 年代，谷超豪进入了学术丰收期，他的研究领域横跨数学、物理学科的多个领域。他关注流体力学中的偏微分方程问题，取得了一些国际领先成果。在混合型偏分方程方面，尤其是在多元混合型方程的边值问题中也取得了重要突破。1974 年，复旦大学组成了以谷超豪领衔的科研组，和著名物理学家杨振宁合作，进行规范场理论方面的研究。最终，他们在国际上最早证明了杨—米尔斯方程的初始问题的局部解的存在性，弄清了无源规范场和爱因斯坦引力论的某些联系和区别，取得了丰硕的成果。

从 20 世纪 80 年代后期到他离开人世，谷超豪在当今数学的最前沿领域，尤其是数学交叉研究和边缘化上，获得了一系列富有开创性的成果，已经处于国际领先地位，为我国的尖端技术，尤其是航天工程的基础研究做出了杰出的贡献。

谷超豪的学生李大潜院士感叹：“说他是一位数学家，还不如说他是一位数学领域的战略家，总是能高瞻远瞩地看到数学未来的发展方向，而且，他总能看到国家发展的重大需求，通过需求来引领数学研究的未来。”

桃李满天下的名师

在科研方面屡建奇功的同时，谷超豪并没有辜负恩师苏步青先生对自己能培养更多人才的殷切期盼。苏先生此前曾多次提起：“我的学生超过我了。”但他也表示：“谷超豪只有一点没有超过老师，就是没有培养出像谷超豪似的学生来。”

对恩师的教诲，谷超豪深感责任重大，说："我在好多地方不如苏先生，苏先生的这句话是在将我的军，要我好好培养学生。"

从教 60 年后，谷超豪自认"可以向苏先生交账了"，他的众多学生中已经涌现了李大潜、洪家兴、穆穆等 9 位院士，还有多位成就斐然的教授和科研骨干，这样的成就遍观中外也是难寻的，而这都离不开他对学生们的谆谆教诲。

穆穆院士回忆起自己当年参加"大气物理"学科的博士论文答辩。论文获得了谷超豪的肯定，但他却"发派"自己前往大气物理研究所工作半年后再参加答辩，原因是"对大气物理的基础了解不够"。

周子翔教授感叹当谷先生的学生非常辛苦："我们每个星期都要讨论研究内容，哪个学生发言里稍有差错，他第一时间就会指出来。不仅如此，他还会顺着问题举一反三，让学生从多层面来思考。"

刘宪高教授始终铭记刚进入复旦时，谷先生就鞭策自己："写文章要一篇比一篇好，科研不要永远停留在同一水平上。"

正因为谷超豪的突出贡献，2002 年，第二十四届国际数学家大会在中国举行期间，国际数学家联盟主席帕利斯教授在大会开幕式上致辞："中国数学科学这棵大树是由陈省身、华罗庚和冯康，以及谷超豪、吴文俊和廖山涛，及最近的丘成桐、田刚等人培育和奠基的。"这是对谷老一生为国培育人才工作的高度肯定。

从小店员到大数学家的华罗庚

自学成才的“罗呆子”

在古代，有很多自学成才的人物故事，一方面是他们勤学苦思，通过不断努力获取知识；另一方面也是古代的知识相对较少，理解起来也相对简单，容易自学成功。但是到了近现代，科学分工越来越细致，内容也越来越深奥，自学的难度和门槛也就相对高了很多。但只要真正肯努力前行，还是可以通过自学成为蜚声世界的大学者的。我国著名数学家华罗庚就是其中的典型。

华罗庚并非出身书香门第，他父亲是一个经营杂货店的小商人，母亲则是普通的家庭妇女。华罗庚因为家境不好，读书只读到初中毕业就没有继续升学，而是进入财会学校学习，父母希望他在将来成为一名会计，借此养家糊口。但华罗庚并没有安心于只是简单学习，而是勇于尝试，不断创新，并研究出一套独特的珠算方法，使得自己在上海珠算比赛中获得冠军。这种不按部就班，希望做出突破的心理特质影响了他的一生，使得他在后来开创出学术新天地。

学习会计不到一年，由于学费昂贵，家中经济困窘，华罗庚被迫中途辍学，回到老家帮助父亲料理杂货铺。在单调的站柜台生活中，他开始自学数学。

当时，华罗庚站在柜台前，顾客来了就做生意、打算盘、记账，顾客走后就埋头看书，演算起数学题来。有时计算得入迷，竟忘了接待顾客，甚至把计算结果当作顾客要付的钱，使顾客吓了一跳。因为经常发生这种莫名其妙的事，时间久了，街坊邻居都将其传为笑谈，大家还给他起了一个绰号——“罗呆子”。

清华大学里的新星

1929 年，19 岁的华罗庚开始在上海《科学》等主要科研杂志上发表论文。但就在这年冬天，他得了严重的伤寒，后来虽然经过休养，但左腿关节却受到严重损害，从此有了终身残疾，走路必须拄着手杖。未及弱冠之年就已遭受如此打击，华罗庚曾经近乎绝望，但不久后，他就重新振作，下定决心：“我要用健全的头脑，代替不健全的双腿！”青年华罗庚就这样开始了白天辛苦干活，晚上挑灯苦读的日子。华罗庚真正开始其数学家生涯时，只有一本《大代数》、一本《解析几何》和一本缺页的《微积分》作为学习资料。

1930 年，华罗庚的一篇《苏家驹之代数的五次方程式解法不能成立的理由》论文在上海《科学》杂志上发表。时任清华大学数学系主任的著名数学家熊庆来教授看到后非常赞赏，后来毅然打破常规，让只有初中文化的华罗庚直接进入清华大学攻读数学。

华罗庚一面在大学里苦读，一面在图书馆里担任馆员，勤工俭学。华罗庚在学习上投入了自己的全部精力，只用了两年时间就完成了其他人 8 年才能完成的学业，1931 年开始在数学系担任助理，又用 4 年自学了英文、德文、法文，在国外杂志上发表了 3 篇论文。1934 年 9 月，他就被提拔为讲师。1936 年，他经清华大学推荐，前往英国剑桥大学留学。留英期间，他已经声誉鹊起。1938 年回国，在西南联合大学担任教授。从 1939 年到 1941 年，在抗战期间极度艰苦的条件下，华罗庚写下 20 多篇论文，并完成了他的首部数学专著《堆垒素数论》。《堆垒素数论》后来成为数学界的经典名著，先后出版了俄文、德文、英文、匈牙利文、日文等多个译本。

工作到最后一刻的数学巨匠

中华人民共和国成立后，华罗庚成为中国科技大学副校长兼应用数学系主任。为了祖国和人民，华罗庚在自己擅长的数学理论研究方面继续进行钻研的同时，还努力尝试寻找一条数学和工农业实践相结合的道路。经过实践，他发现数学中的统筹法和优选法，在工农业生产中能够实际应用并且大有裨益，可以提高工作效率，改变管理与工作的面貌。于是，他一面在科技大学讲课，一面带领学生到工农业实践中去推广优选法、统筹法。他依靠自己的声誉，在各地借调得力的人员组建“推广优选法、统筹法小分队”，亲自带队到全国各地推广“双法”，足迹遍及 26 个省、自治区和直辖市，取得极大的经济效益和社会效益。

华罗庚不但带队四处推广，还亲笔撰写了《统筹方法平话》和《优选法平话》两部著作，用通俗易懂的语言让文化程度不高的妇孺都能弄明白，并掌握应用。这期间，华罗庚还与同为著名数学家的王元教授，合作开展了近代数论方法在近似分析上的应用研究，所取得的结果被称为“华—王方法”，又撰写了《优选法平话及其补充》和《统筹法平话及补充》两本科普读物，深受广大工人的喜爱。

华罗庚还致力于数学的科学普及，撰写了《大哉数学之为用》《数学的用场》等一系列文章，精辟地阐述了数学的用途和有用的数学使用方法。华罗庚是中国最早在数学理论研究和生产实践紧密结合方面做出巨大贡献的科学家。

1969年，华罗庚写出了名作《优选学》，高瞻远瞩地指出当时才刚刚起步不久的电子计算机技术，必将在人类发展历史中成为最高端的科学技术，提出人类发展、设计、制造等技术一定要与计算机技术结合。这在当时是非常了不起的论断。正如美国著名数学史家贝特曼所说的：“华罗庚是中国的爱因斯坦，足以成为全世界所有著名科学院的院士。”这样的赞誉，华罗庚当之无愧。

而更为后人赞叹的是，华罗庚一生苦学不辍、工作不停，直到生命的最后一刻。曾有记者问他：“您最大的愿望是什么？”华罗庚不假思索地说：“工作到最后一刻。”1985年6月12日，华罗庚受邀前往日本东京参加国际学术会议，已经75岁高龄的他以流利的英语进行了非常精彩的报告。报告宣讲结束时，华罗庚却突然心脏病发作，不幸去世了，真正践行了自己的诺言。

距摘取数论明珠一步之遥的陈景润

理发店里惹人注目的“怪人”

20世纪60年代初，在北京的一个理发店里，人头攒动、熙熙攘攘。为了避免大家乱了次序，理发店主就给每人发了标明排队号的小牌子。

此时，一个头发已经很长的人拿到了号牌，但却和其他以闲聊、东张西望来消磨时间的人不同。这个人，时而在小笔记本上写着什么，时而抬起头，出神地思考着什么，引得周围的人十分不解，后来人们也就各干各的了。突然，这个人猛地站起来，一声不吭地大步走了出去。理发师傅还喊他了一声："您还没理发呢!"但这个人心无旁骛，根本没听见，一阵风般走远了。周围的人都说："真是个怪人!"这个怪人这是干什么去了呢？他直奔图书馆，翻出好大一摞书，不断翻阅并做笔记。直到夕阳西下，他才想起自己还没理发的事儿。他摸摸口袋里的号码牌，又摸了摸自己已经相当长的头发，又看了看天色，无奈地叹了口气——自己的老毛病又犯了。

第二天，再次路过理发店的他把号码牌还了回去，想要再次排号，理发师傅看着这个不知已经排了几次队，还没理上发的"怪人"，叹了口气，优先给他理了发，私下感叹这世上还真是什么样的人都有。

几年后，一位数学界的新星一举成名天下知，他的大幅照片挤占了各类报纸的头版头条。街头巷尾，人们都在谈论这个新星。此时，有位理发师傅却瞠目结舌地拿着报纸，一边惊讶，一边感叹苦心人天不负。原来这位数学新星就是那个"怪人"，名叫陈景润。

让无数人竞折腰的数论"明珠"

陈景润 1933 年 5 月 22 日出生于福建闽侯的一个贫困家庭。陈家并非知识分子家庭，但陈景润从小就非常好学。在小学与中学时，就对数学情有独钟，把相当多的课余时间都用在了演算习题上，在学校里成了远近闻名的"小数学迷"。后来，他以全校第一名的成绩成功考入三元县立初级中学。

在高中学习的过程中，班主任沈老师讲了一道非常有趣的古典数学题——“韩信点兵”，并介绍了中国古代对世界数学发展的贡献，谈到了祖冲之对圆周率的研究成果领先西欧1000年；南宋人秦九韶对“联合一次方程式”的解法，也比欧洲数学家欧拉早500年。但近代以来，西方数学突飞猛进，中国数学却停滞不前。沈老师希望学生们可以在将来创造更大的奇迹，让世界对中国的数学研究刮目相看。这时沈老师抛出这样一番话：自然科学的皇后是数学，数学的皇冠是数论，“哥德巴赫猜想”则是皇冠上的明珠，是数论当中几百年来始终未解的难题，我希望你们当中有人可以把它摘下来！由于陈景润最感兴趣的始终都是数学，课后，沈老师问陈景润对哥德巴赫猜想有什么看法，有没有信心解决这个难题。陈景润说：“我能行吗？”沈老师说：“天下无难事，只怕有心人啊！”

那一夜，陈景润彻夜难眠，他下定决心，今后要尽最大努力去攻坚克难！

哥德巴赫猜想到底是什么呢？为什么可以有资格受到如此推崇？而几百年了，这么多代人艰苦努力为什么还是没能攻克这一难关呢？

哥德巴赫是欧洲著名的数学家，曾担任俄国圣彼得堡科学院院士。在圣彼得堡，哥德巴赫结识了赫赫有名的数学家欧拉，两人此后用书信交流长达30多年。哥德巴赫猜想，就是他在和欧拉的通信中提出来的。哥德巴赫在研究数论问题时发现：

$3+3=6$，$3+5=8$，$3+7=10$，$5+7=12$，$3+11=14$，$3+13=16$，$5+13=18$……

等式左边均为两个素数的和，右边均为偶数。于是他猜想：任意两个奇素数的和都是偶数。哥德巴赫又运用逆向思维，把等式左右颠倒过来写，从左向右看，就是 6 到 22 这些偶数，每一个数都能“分拆”成两个奇素数之和。他又动手验证：从 24 一直试到 100，都能证明此前的猜测是对的，而且有的数还有多种分拆形式，如 $24 = 5 + 19 = 7 + 17 = 11 + 13$，$26 = 3 + 23 = 7 + 19 = 13 + 13$，$34 = 3 + 31 = 5 + 29 = 11 + 23 = 17 + 17$，等等。

这么多实例都能证明，说明偶数可以（至少可用一种方法）分拆成两个奇素数之和。但数字的数量是无限多个，这个猜想无法用逐个去试的方式去证明，而哥德巴赫也无法举出推翻这一想法的反例。

于是，1742 年 6 月 7 日，哥德巴赫给欧拉写了一封信，阐释了他的猜想：

1. 每一个偶数是两个素数之和；

2. 每一个奇数或者是一个素数，或者是三个素数之和。（哥德巴赫此时把“1”也看作素数，他认为 $2 = 1 + 1$，$4 = 1 + 3$ 也符合这一猜想，欧拉在回信中纠正了他的看法。）

同年 6 月 30 日，欧拉回信：“任何大于（或等于）6 的偶数都是两个奇素数之和，虽然我还无法证明它，但我对此确信无疑，它是完全正确的定理。”

欧拉是当时欧洲最著名的数论大家，这个连他也无法证明的猜想，自然引起了各国数学家的关注。人们将其称为哥德巴赫猜想。近 300 年来，为了摘取这颗明珠，成千上万的数学家进行了无数艰辛的尝试与探索。

1920 年，挪威数学家布朗提出了一种新的“筛法”，证明每一个充分大的偶数都可以表示成两个数的和，而这两个数又分别可以表示为不超过 9 个质因数的乘积。我们习惯上称这种证明方法为“9 + 9”。

这是一个重要的转折点。沿着布朗开创的思路，1932 年，欧洲数学家证明了“6 + 6”。1957 年，我国著名数学家王元证明了“2 + 3”，这已经是按照布朗的证明方式所能取得的最好成果。

布朗方式的缺点是两个数都无法确定是素数，于是，数学家们经过长期思考，又想出了一条新路，即证明“1 + C”；1962 年，我国数学家潘承洞与一位苏联数学家各自独立研究，都证明了“1 + 5”；第二年，潘承洞和王元合作，证明了“1 + 4”。随后欧洲有数学家证明了“1 + 3”，使哥德巴赫猜想又得以推进了一大步。按照这种证明思路，彻底证明哥德巴赫猜想也就是证明“1 + 1”。但此后，哥德巴赫猜想的证明陷入了僵局，虽然世界各地的数学家都在废寝忘食地进行研究，但始终没能获得显著的突破。

而此时，已经从厦门大学毕业的陈景润，敏于行而讷于言，身体瘦弱时常患病，应该说走研究之路艰辛备至，但他心中有着常人所没有的斗志——他要向世界证明中国人的数学研究能力。几经波折后，陈景润终于在厦门大学图书馆开始了自己的工作，专心研究数学难题。他要攻下哥德巴赫猜想这道世界难题，哪怕几十年如一日，哪怕废寝忘食。

在同事和老师们的鼓励下，陈景润给著名数学家华罗庚先生写了封信，附上了自己撰写的《塔内问题》的论文。华罗庚先生看后非常赞赏：“这个年轻人很好！他很有想法！很有培养前途！”并亲自会见了陈景润，将他调到中国科学院数学研究所。这是华罗庚先生一生中亲自点名调来的唯一一位研究员。

进入中科院，有了新的起点，陈景润更加刻苦钻研，付出了大半生的心血。

“他移动了群山！”

经过十几年的刻苦研究，1965 年 5 月，陈景润发表了著名论文《大偶数表示一个素数及一个不超过二个素数的乘积之和》。论文甫一发表，就受到了全世界数学界和著名数学家的高度重视与称颂。英国数学家哈伯斯坦和德国数学家黎希特，还将陈景润的论文写进数学书中，称为“陈氏定理”。

“陈氏定理”是怎样的成果呢？陈景润证明了任何一个大偶数都可以写成一个素数加上另一个可以写成两个素数乘积的数的和。素数是只能被 1 和它自身整除的数。如，$12 = 7 + 1 \times 5$，$100 = 7 + 3 \times 31$。用之前介绍的哥德巴赫猜想证明的简便表达方式，也就是证明了“1 + 2”，距离彻底证明哥德巴赫猜想的“1 + 1”只差最后一步啦！当时，英国的一位数学家评价陈景润的发现：“移动了群山！”陈景润、王元、潘承洞等杰出科学家，向世界证明了中国人在数学研究与推动发展上有着无限的潜力，绝不比西方人差，中国人有能力在数学领域再创辉煌。

无数代科学家前赴后继，不断尝试研究证明哥德巴赫猜想，代表了人类对于无限未知的永久探索精神，以及对数字这一无穷概念的不懈探究。这是科学探索，也是美学探求，也是数论研究的魅力所在。

目前，距陈景润先生的研究成果公布已经超过半个世纪，但世界数学界对哥德巴赫猜想的研究还是没能再进一步。谁能够彻底证明这一伟大难题？尽管只有一步之遥，却还需要后人不断地努力，这颗明珠还在前方熠熠生辉，究竟谁能摘取？

第二节　理化世界，步步生莲

如洪流般涌现的超导成果

神奇的超导现象

1908 年，荷兰科学家昂纳斯建了一个低温实验室，专门进行低温物理研究。他获得了 –269℃的低温，并在不同的温度下对许多材料的电阻率进行实验，有的物体是温度越高电阻率越小，有的物体是温度越低电阻率越小。有一天，昂纳斯做金属汞的导电实验时，把汞放到 –269℃的液态氦中，他猜想汞此时的电阻会非常大，但没想到电阻却变得接近 0。他给这一现象起名为“超导”。

昂纳斯偶然发现的超导现象，立即轰动了全世界，众多物理学家都很重视这个发现。超导现象说明自然界里存在着在低温条件下没有电阻的物质。这类物质被称为“超导体”。

起初，人们认为超导现象只有金属在极低的温度下才能实现。但到了 1986 年，美国科学家发明了超导陶瓷，超导体从此不再只限于金属。同时，人们又发现在高温下也存在一些超导材料。

但是无论是超低温，还是高温实现超导，都有一个很大的缺点，就是只能在实验室里进行尝试，很难在现实当中应用，因为环境要求太苛刻了。所以要想真的让超导体造福人类，就必须让实现超导的温度接近常温，这样才有实际应用价值。

为了实现这一目标，世界各国的科学家都在付出艰辛的努力，其中我们国家的著名专家赵忠贤的“40K 以上铁基高温超导体的发现及若干基本物理性质研究”荣获国家自然科学奖一等奖；2015 年，赵忠贤获得国际超导领域重要奖项 Matthias 奖。

如洪流般涌现的成果

在物理课上，我们知道自由电荷在导体当中进行定向移动时会产生电流，同时也要受到一定的阻碍。在金属导体的内部，存在着带正电的正离子，还有带负电的自由电子，当导体通电时，自由电子就会出现定向移动，于是就有了电流，而这时电子就会与规则排列的原子和正离子发生碰撞，使得电流受到阻碍，这些阻碍其实就是电阻。因为电子与正离子和原子发生了碰撞，经过做功和摩擦会产生热，我们熟悉的电灯泡其实就是利用电阻发热进而发光的原理制成的。

电阻虽然有很多用处，但会导致电能在运输途中被大量消耗，造成巨大的浪费，那么只要做到零电阻，就能够实现无损耗输送电流。会有多大的效益呢？举个例子，如果用超导体制作一台发电机，那么它的发电容量要比常规发电机提高 5 倍到 10 倍，而体积却减小一半，重量减轻 1/3，发电效率提高 50%。所以超导研究是利国利民的大好事。

超导研究至今不过百年历史，我们国家的相关研究起步较晚，但后来居上，著名超导专家赵忠贤从 1976 年开始进行高温超导体的研究。

1987年，他发现了液氮温度超导体，并首先在国际上公布了其化学成分，这个研究成果推动了许多国家的超导研究进步。

为什么赵忠贤的研究很重要呢？1968年，美国物理学家麦克米兰根据传统理论断定，超导体的临界转变温度一般不能高于40K（约等于-233℃）。因此，40K在物理学界被称为“麦克米兰极限”。赵忠贤36岁时发表论文指出，麦克米兰极限是错误的，临界温度是可以达到40 K到55K，甚至80K的。当时学术界都认为不可能。

1987年2月19日深夜，赵忠贤经过两年多日夜不分、舍弃一切的研究，终于取得了世界级的突破，把超导的临界温度从-268.8℃的液氦温区，提高到-196℃的液氮温区，意味着制冷难度和成本大幅度降低，液氮的成本只有液氦的几十分之一，这是超导界的重大突破。一个月后，美国物理学年会在纽约举行，46岁的赵忠贤作为5名特邀嘉宾之一，做了20分钟的报告，这标志着中国的高温超导研究跻身世界前列。

赵忠贤使得世界范围内的超导研究迈出了一大步，带动了世界各国一批新的超导研究成果的出现，但随后超导研究又进入了长达近20年的沉寂期，鲜有重要的突破，很多科学家都放弃了研究，转而研究其他方向。但赵忠贤始终没有放弃，2008年3月28日，经过长达数年的实验，超导转变温度为52K的镨铁砷氧氟被研制成功，这个成果意味着什么呢？“不仅是临界温度从26K升到52K，还意味着时隔20多年之后，高超导材料终于有了除铜氧化合物家族之外的另一群家族新成员。”也就是说不但超导温度更加接近常温，还开发出了全新的超导材料，为世界超导研究指明了新方向。外国超导科学家用“如洪流般涌现的超导成果”来形容中国在这方面的突破。直到今天，赵忠贤所创下的纪录，依然无人能破。

超导技术是多面手

这么多科学家前赴后继研究高温超导，到底高温超导有多大的应用前景呢？如果用超导材料来储存电能，把电力输入超导线圈中，电流可在里面长期流动而几乎没有损耗，这样就可以解决现在常见的用电高峰期电力供不应求，而用电低谷期电能被白白损耗的弊端。

用超导体制成的芯片代替普通芯片，借此制造出超导计算机，可以大大提高运算速度，减小计算机的体积。一台超导计算机也许只有一台固定电话那么大，运算速度却可以比现在的大型计算机快 10 倍到 1000 倍，而且元件不发热、功耗非常小、无故障，能够高效运行的时间要长得多。

一根超导材料制成的通信线路传递数据的速率高达每秒 1 亿次，足以让 1500 万部电话同时进行通话，比现在的光纤通信速率快 100 倍。

用超导元器件制成的超导量子干涉仪，可以测出极度微弱的电磁波，不但能探测出埋在地下的矿物，也能探测出人脑的高级神经活动，揭开人类大脑思维活动的奥秘。

给超导线圈通电可获得超导磁体，强超导磁体应用在磁共振和 CT 上，可以更早地发现癌细胞，拯救更多人的生命。若用超导技术制成家用电器，可做到体积小、重量轻、耗电少、精度高，而且经久耐用、价格便宜。

在交通方面，超导体也是大有作为。超导磁悬浮列车是能够“飞”

的火车，依靠磁悬浮列车与铁轨之间的磁力作用，利用同性相斥的原理，让列车悬浮在铁轨上方，消除了铁轨与车轮间的摩擦力，因此磁悬浮列车的时速可达500千米，而且行车平稳、噪声小、安全舒适、不污染环境。将来的轮船、汽车也可以用超导电动机开动。如果用超导电动汽车来代替燃油汽车，那么全世界一年可节省汽油10亿吨。

散裂中子源，探索微观世界

“藏猫猫”的绝顶高手

大家都玩过藏猫猫的游戏，几个人在一起，一个人负责找，另外几个人要分别藏起来，看看是找的人手段高明，可以全部找到大家；还是藏的人更胜一筹，让找的人无所适从。藏猫猫的真正高手，是自己藏时众人难找，找他人时任何人都无所遁形。那么这个世界上最厉害的藏猫猫高手是什么样的呢？其实这位高手就在我们身边，我们周围的一切物质里都藏着这位高手，它就是中子。大家在上物理课时都学过，万物都是由分子构成的，分子是由原子构成的，而原子是由质子、中子、电子构成的，质子带正电荷，电子带负电荷，而中子是不带电的。不带电的中子因为不受电磁场的影响，所以人们发现它要比质子和电子都晚，但也正因为不带电，中子有着自己的独特优势：当中子被射入物质内部遇到一个原子时，因为不带电，既不受原子核外电子云的阻挡，也不会被核内带正电的质子排斥。它可以单刀直入地直接靠近原子核，去获取物质内部原子核层次的信息。所以在藏猫猫的游戏里，中子是找人的大师，无论原子核藏得多么深，它都能如入无人之境找到它，无论物质的内部结构多么复杂，它也能探明。所以这位大师是人们渴望能够利用的，但真想利用它却很难。因为中子还是躲藏的高手，中子和质子质量非常接近，但中子的质量比质子稍大了一点，而处于自由状态的中子是非常不稳定的，很快就会衰变成质子。所以自然界里几乎找不到自由存在的中子，就算找到了，也有数量少、不能存储，很快会消失的问题。几乎所有的中子都被深深地隐藏在原子核里，强大的核力把质子和中子牢牢地捆绑在一起，要想把它们分开，并让中子释放出来，是极度困难的。

因此，人们想要发挥这位“藏猫猫大师”的找寻本领，就必须先把它“抓”出来，才能让它为我们所用。想从原子核中取出中子，人们就需要想办法克服原子核中核子之间的核力。如果用高能质子轰击重原子核，就可以把其中的一些中子“撞”出来，这个过程叫作“散裂反应”。形象地看，这就如同将一个排球（质子）用力（即产生高能）扔向装满球（有中子也有质子）的筐（原子核）中，有一些球会被击出而跑到筐外。“散裂中子源”就是用高能质子去打钨、汞等重原子的原子核，让这些重原子核裂开，并向各个方向散发出中子，并用产生的中子探测各类物质内部结构的装置。

微观世界的窗口

用散裂中子源“散射”出去的中子“照射”研究对象时，这些中子会与研究对象中的原子核发生相互作用。测量这些中子在相互作用的过程中能量和动量发生的变化，科学家就能在原子、分子尺度上，“看见”各种物质的微观结构和运动规律——“看见”原子和分子在哪里，“看见”原子和分子在做什么。这种研究手段就是中子散射技术。

有些人也许会有疑问，这不是X光能做的事吗？其实这和X光是不同的，X光只能照出物质的大体结构，却不能细致入微；中子测量的是原子核的位置，要比X光细致得多。中子不带电，但是有磁矩，所以可以测量材料的磁性。而且中子的穿透能力非常强，可以测量很大很厚的物体，这是X光做不到的。

中子散射技术不仅可以探索物质的静态微观结构，还能研究物质的动力学机制。同时，凭借中子的高穿透性，让科学家具备了在低温、强磁场、高压等复杂的“真实工作环境”中“现场”实时测量样品的能力。所以，散裂中子源对物理学、化学、生命科学、材料科学、纳米科学、医药、国防科研和新型核能开发等领域，都有非常重要的作用和影响。

因此，美、日以及欧盟等发达国家都开始建设高性能散裂中子源。我国的散裂中子源是发展中国家的第一台散裂中子源，建成后已跻身世界四大散裂中子源的行列。

我们国家的散裂中子源项目由中国科学院和广东省共同建设，选址在广东省东莞市大朗镇，总投资为16.7亿元。散裂中子源项目经过5年的预制研究，已经掌握了很多关键技术。

2018年3月25日，中国散裂中子源项目按期、高质量完成了全部工程建设任务，并于3月25日通过了中国科学院组织的工艺鉴定和验收。建成后的中国散裂中子源成为世界第四台脉冲型散裂中子源，填补了国内脉冲中子应用领域的空白，我们国家在这一领域做到了世界领先。

微观世界影响宏观大局

说了这么多，散裂中子源影响的无非是微观世界，那对我们生活的这个宏观世界具体有哪些作用呢？我们来举个例子：1998 年 6 月 3 日，从慕尼黑开往汉堡的德国高铁在途中脱轨，造成 101 人死亡，88 人受伤，震惊了全世界。事后调查发现，脱轨的原因，是列车的轮毂在高速行驶的过程中出现金属疲劳，形成细微裂缝，突然爆裂，最终导致了悲剧。而查出事故原因的，是英国的散裂中子源。如果能早一点查出问题，悲剧是完全可以避免的。

这几年可燃冰的开采已经成为新型清洁能源开发的新希望，散裂中子源高压下的中子衍射技术，可用来研究可燃冰的形成机制和稳定条件，其研究成果将为安全、高效地开采和利用可燃冰提供科学依据。

散裂中子源还可用于肿瘤放射性治疗、核废料嬗变和洁净核能源的研究等，将带动和提升我国机械加工、医药医疗、石油化工和生物工程等众多相关产业的技术进步。

另外，散裂中子源在制造业方面，可以在储氢材料、电动环保汽车电池、骨胶合成、新药研发、阿尔茨海默病的治疗手段等领域大显身手。而在科研方面，它对基因治疗的新方法、人类基因图谱绘制、DNA 和蛋白质的精细结构探究、巨阻磁性存储材料的研发、高效的燃油添加剂的合成，甚至对产生新的考古发现，都大有帮助。

中国散裂中子源的运行，让中国科学家摆脱了束缚，去探索曾经需要依赖别人的“眼睛”才能看见的未来。

“华龙一号”，中国核电技术名片

核电站安全吗？

2011 年 3 月 11 日，日本遭遇里氏 9.0 级大地震和海啸袭击，导致福岛第一核电站发生严重的核泄漏，核电站多座核反应堆外供电中断，冷却系统难以运行导致堆芯熔毁，引发核物质泄漏，被确定为七级核电事故，与 1986 年的苏联切尔诺贝利核电站事故属于同一级别。

这座核电站发生事故时，已经有 43 年的历史，采用的是第一代核电站不够安全的设计，核电站管理人员此前对早就事故频发的状况隐瞒不报，再加上当遇到地震海啸时，东京电力公司和日本政府未及时与不恰当的处理，最后导致发生危害全球的可怕核事故。

在为日本的事故感到惋惜的同时，很多人想到中国也有很多的核电站。截止到 2018 年，我国已建成的和在建的核电机组已经超过了 60 个，还有多个正在筹备建设的核电站。而我国和日本一样，也是多地质灾害国家，那么我国的核电站安全吗？

自从 1951 年美国建立全世界第一座核电站以来，核电站已经发展了三代，第一代是实验性质的，第二代是真正可以投入商业运营的反应堆，第三代则是发电效率更高、安全性更好的新型反应堆。此前出现事故的基本都是一代和二代早期的老旧反应堆，而我们国家的核电站虽然起步晚，但采用的都是新技术和新工艺，都是第二代的改进型技术和最新的第三代技术。

被称为中国核电走出去的“国家名片”的“华龙一号”核反应堆，更是能抗 17 级台风、9.0 级地震、商用大飞机撞击。代表了完全属于中国人自主知识产权的三代核电技术，采用“全球最高安全标准”。

世界领先的第三代核电站

“华龙一号”并不是某一个具体的核电站，而是一整套核电站设计标准与运行技术，是由中国两大核电企业中国核工业集团公司和中国广核集团，历经 30 多年的研发和经验总结，根据福岛核事故经验反馈，还有全球最新的安全要求，研发的先进的百万千瓦级压水堆核电技术。

在设计创新方面，“华龙一号”采用 177 个燃料组件的反应堆堆芯，拥有多重冗余的安全系统，单堆布置，并拥有双层安全壳，这些布置有什么用呢？用 177 个燃料组件的反应堆堆芯能够有效提高核反应堆的发电功率。多重冗余安全系统，就是说安全系统不止一套，而是有互不影响的几套，目的就是多重保险，万一有安全系统损坏，那么还有其他安全系统可以替代使用。单堆布置就是一个核电站当中有多个反应堆，它们都分开布置，互不影响，避免有一个出意外时，影响其他多个反应堆。而双层安全壳是吸取了日本核事故的教训。日本福岛核电站曾发生爆炸，将单层的安全壳摧毁，导致大量核物质泄漏到空气中。为了避免出现类似事故，“华龙一号”采用双层安全壳。

用“华龙一号”核电技术建设的第一批核电机组位于福建沿海地区，当地多台风、洪水，考虑到可能出现的地震、海啸，还有类似“911

事件”的恐怖袭击的极端可能性，因此“华龙一号”能抗 17 级台风、9.0 级地震、商用大飞机撞击，安全性可以说是万无一失。

“华龙一号”在计算方法、结构布置、结构材料、绝缘技术等方面有多项设计创新，采用自主开发的电磁计算程序、新型通风冷却技术、绝缘系统以及静态励磁系统、整体式定子结构等，发电机效率达到 99%。

“华龙一号”通过 30 余项测试，经真机四天旋转试验，顺利通过了国家技术验证，性能指标满足国外对第三代核电技术的指标要求，而且主要指标也都优于从国外技术引进的机组，达到了世界先进水平。

走向世界的中国核电

近年来，国家提出中国科技要走出去，面向世界。而“华龙一号”作为中国核电技术的“名片”，自然不能满足于孤芳自赏。“华龙一号”核电项目现在已经在巴基斯坦城市卡拉奇建立了拥有两个机组的参考电站，在建的防城港“华龙一号”核电项目是为未来英国布拉德维尔 B 核电项目建设的参考电站。这也标志着“华龙一号”是我国第一项进入欧洲市场的自主核电技术，英国正在做安全评审，这在我国核电发展史上具有里程碑意义，让我们在国际同行面前挺直了腰杆：我们在知识产权、关键设备等问题上从此不再受制于人，甚至可以把我们的技术出口到西方发达国家。我们这个核电大国，终于拥有了自己的三代核电型号，这是具有划时代意义的。

“华龙一号”凝聚了中国几代核电建设者的智慧和心血，目前已经完全具备参与国际竞争的条件，是具有完全自主知识产权的第三代核电技术，这样的国家在世界范围内是屈指可数的。除了巴基斯坦和英国，我国已与阿根廷、肯尼亚、巴西等近20个国家达成了合作意向。“华龙一号”已经成为中国“一带一路”走出国门的新名片。

为火箭插上“化学的翅膀”

化学泰斗戴立信

2018 年 5 月 5 日，中国化学会第三十一届学术年会开幕式上隆重举行中国化学会 2016—2018 年度学术奖励颁奖仪式。“中国化学会终身成就奖”在本届年会首次颁出，94 岁的中科院上海有机化学研究所戴立信院士成为本奖项的首位获奖人。

戴立信是我国著名有机化学家。20 世纪 50 年代，戴立信从事金霉素的提取和合成研究，为金霉素的量产做出了重要贡献。1958 年后，国家发展“两弹一星”，戴立信参与组织全所骨干从事国防任务，出色完成了火箭推进剂研发、铀同位素分离用的氟油研制等工作。

“两弹一星”也就是核弹、导弹、人造地球卫星，其中核弹实现实战化，就离不开导弹，人造地球卫星升空离不开运载火箭，导弹和火箭都必须有合格的火箭推进剂，因此负责研发火箭推进剂的戴立信肩上的担子非常重。早期的火箭推进剂普遍有易燃易爆性，而且有剧毒，以戴立信为首的科研团队可以说是冒着生命危险在做研究，后来历经艰险，终于获得了成功，为“两弹一星”的发展立下汗马功劳。

在研究原子弹的过程中，中国化学界遇到了一个难题：制造原子

弹要有大量的 ^{235}U，但从铀矿石里提炼出来的 ^{235}U，是与对原子弹没什么用处的 ^{238}U 混合在一起的，要想做原子弹，就必须把两者分离，并将 ^{235}U 浓缩。要实现这一点就需要使用分离扩散机，而这种机器必须要有特种润滑油来维持运转。这种润滑油中国当时不能生产，外国又不肯提供，于是研制特种润滑油的任务就迫在眉睫，戴立信带领团队挑起了这项任务的大梁，最终获得成功，也间接帮助原子弹提前一年研制成功。

戴立信后来还对中国有机硼的研究，以及抗癌药物等合成制药的发展做出了突出贡献。

探索宇宙的“化学翅膀”

从 20 世纪 60 年代至今，从近程导弹到洲际弹道导弹的研制成功，从发射人造卫星到实现载人航天的突破，再到让探测器和月球车登陆月球的伟大创举，这么多的伟大创举都离不开的东西就是运载火箭，正是运载火箭带着导弹弹头、卫星和月球探测器飞得那么高、那么远。而火箭能够飞得起来，主要靠的就是火箭推进剂。以戴立信为代表的老一代化学科研人帮助我国实现了早期的火箭推进剂研发，而后来人更是再接再厉，再创辉煌。

从 2015 年开始，我国新一代的运载火箭“长征六号”“长征九号”液体运载火箭和“长征十一号”固体运载火箭相继升空。而这里提到的固体和液体，就是指火箭推进剂的形态是固体还是液体。

早期的火箭推进剂都是液体的，分为燃烧剂和氧化剂两部分，很多液体推进剂可以在常温下储存，但其燃烧效率比较低，火箭推力不足。而且很多液体推进剂含有剧毒，对环境有很大的污染。

近些年来，人们开始采用液氢做燃料，液氧做氧化剂，其燃烧效率很高，能够提供强大的推动力，但液氢和液氧只能在极低的温度下保存，所以工艺非常复杂，只有中国、美国、俄罗斯、法国、日本等少数国家掌握了这种技术。

而近年来，我们国家发射的“长征六号”采用的是液氧和煤油作为推进剂，“长征九号”则使用既有液氧加煤油，又有液氧加液氢的推进剂，这两类推进剂都是完全无毒、无污染的，说明我国在火箭推进剂的研发方面走出了自己的新路。

我国的“长征十一号”运载火箭用的是固体推进剂，固体推进剂是由油灰或橡胶状的可燃材料构成，是燃料和氧化剂的混合体。固体火箭推进剂使用更简便，发射需要的准备时间大为缩短，从测试到发射能在一天内完成。推进剂可以在室温下储存，而且对应的发动机构造更简单，这意味着出故障的可能性更小。这是我国火箭发展迈向新纪元的证明。

走向未来的中国火箭

我国的长征运载火箭家族已拥有“长征一号”“长征二号”系列、“长征三号”系列、“长征四号”系列、“长征五号”大运载火箭、“长征六号”快速响应移动发射火箭、“长征七号”中型火箭、“长征十一号”固体燃料火箭等十多个大类、上百种型号。而直径达 10 米、高度达 93 米的真正意义的重型火箭“长征九号”的多项关键技术已经获得突破，它在未来将带着中国的航天员登上月球。

截至2018年9月，长征系列运载火箭已发射了280多次，将400多颗各型的卫星及飞船（包括2个“天宫”太空实验室和30多颗外国卫星），还有11位中国航天员，共14人次送入了太空。目前，我国火箭发射卫星的成功率达到90%以上，载人航天发射成功率则为惊人的100%。如此高的成功率，在世界上都是极为罕见的。

长征系列火箭模型。摄于辽宁省科学技术馆

长征系列火箭的前100次发射，中国航天人用了37年的漫长时间。而后 100 次发射，只用了 7 年。其发展速度之快世所罕见，中国航天已经迎头赶上其他航天强国。

以“长征五号”和“长征七号”为代表的无毒、无污染新一代运载火箭的发射成功，标志着新一代长征火箭型号谱系的诞生。“长征七号”火箭将第一艘货运飞船“天舟一号”发射升空后，与正在运行的“天宫二号”空间实验室进行交会对接，然后实施了世界级难度的“太空加油”。“太空加油”首获成功，证明我国已成为当今世界第三个掌握该项技术的国家。“长征七号”是日后发射大型空间站舱段的主力火箭，必将在空间站建设中大显身手。

中国正在从航天大国迈向航天强国，相信在不久的将来，长征系列火箭还将带给我们更多的惊喜。

3D 打印，超出想象的强大技术

打印机造别墅，快又好！

我们在日常生活当中经常需要用到打印机，装好墨盒，把纸塞进去，机器运转起来，片刻之后，纸张再出来，上面就已经印好了我们指定的内容。但这些打印出来的东西都是平面的，除了供人阅读和观赏，似乎也没别的用处。但数字时代和 3D 打印技术改变了人们的这一刻板印象。

2016 年 6 月 27 日，全世界首个 3D 打印房屋耗时 45 天，终于完工。这座特殊的房屋位于北京通州区，是一栋 2 层高，占地 400 平方米的别墅，墙体厚约 2.4 米。这种规格的房屋并不罕见，但它的奇异之处在于全程几乎不需要人工参与，有几位技术专家在旁边进行全程监督就足够了。这座房子其实是利用巨型打印机，使用特殊的钢筋混凝土来建造的，在房屋的主体结构被打印完毕后，装潢师再进行粉刷，并完成收尾工作。其实这座房子已经不是人类首次尝试用 3D 打印来建造房屋，但过去都是把房屋的各部分分开打印，最后再拼接组合到一起，而此次则是把建筑进行整体打印，一次性成型。很多人提到打印的房子，脑海里似乎都会浮现出纸糊的、风一吹就倒的样子货，其实这栋房子坚固得很，足以抵御里氏 8.0 级的特大地震。

3D 打印出来的房子，不但建造速度快，结实耐用，而且可以做到“私人定制”：比如未来的某一天，有客户提出希望能够打印出一座苏州古建筑风格的民居，那么就可以先依靠无人机对选定的苏州古建筑进行扫描，利用数字化技术建模，并优化设计结构，设计室内装修，之后开始打印，只需要 3 天时间就可以一体化一次打印完成。整个房屋的外观与苏州古建筑完全一致，但采用的是 3D 打印绿色环保墙体、3D 打印镂空景观墙体、3D 打印盈恒石、3D 打印纤维增强复合材料，这座被神奇再现的中式庭院却充满了现代科技感。

那么，既然 3D 打印出来的房子不是“纸糊的”，那它所应用的材料都是从哪里来的呢？其实是以建筑垃圾、矿山尾矿为建筑材料，既环保又节省了大量资源。3D 打印建筑与传统建筑相比，不需要建筑施工队伍，不需要烦琐费时的模板支护及拆卸，高效的喷筑式一体化集成施工，提高房屋建设效率。

3D 打印不但可以打印出“高大上”的别墅，还可以建造 3D 打印绿色公厕，里面设有一体化打印洗手台、水池，并预留管线，安装简单、快速，具有亲生态、亲游客的特点。

多领域开花的全才

3D 打印其实是快速成型技术的一种，是以数字模型文件为基础，运用粉末状金属或塑料等可黏合材料，通过逐层打印的方式来构造物体的技术。举一个更浅显的例子吧，大家去快餐店点冰激凌时，售货员开动冰激凌机，通过外接的喷嘴把冰激凌装入蛋筒，形成外形基本差不多的冰激凌，其实 3D 打印的外在观看感觉和制作冰激凌差不多。

3D 打印机看起来很复杂，其实工作原理和普通的打印机都差不多，只是打印材料有些特殊，普通打印机使用的材料是墨水和纸，而 3D 打印机里面装有金属、陶瓷、塑料、沙子等不同的材料，打印机与电脑连接后，通过电脑控制，可以把各种特殊的打印材料一层层地叠加起来，最后把计算机上的蓝图转化为实物。通俗地说，3D 打印机是可以“打印”出真实的 3D 物体的一种设备。比如一个机器人、一辆玩具车，甚至连食物都可以打印出来。很多人可能不理解这种技术和打印有什么关系，其实打印只是一种通俗的说法，因为这种技术参考了普通打印机的技术原理，因为分层加工的过程与喷墨打印非常接近，所以被称为 3D 立体打印技术。

我们国家现在是世界 3D 打印技术的领先国家。2018 年 5 月 6 日，我国成功生产了全球首个金属 3D 打印人体植入物——人工椎体，标志着 3D 打印进入人体植入物领域。这是医疗技术和医疗器械技术的重大突破，对推动整个 3D 打印产业链的发展具有里程碑意义。

正是依靠这项成果，北京大学第三医院成功为一名骨科脊索瘤患者切除了五节段脊椎肿瘤，并利用3D打印多节段胸腰椎植入物，完成了长达19厘米大跨度椎体重建手术，这在全球也是首例。3D打印胸腰椎植入物，让这名患者避免了丧失生命和瘫痪在床的两大厄运。

2017年，华中科技大学研发了“铸锻铣一体化”金属3D打印技术，成功制造出了全世界首批3D打印锻件。这项发明有望改变世界金属零件制造的历史。运用该技术生产零件，其精细程度要比国外的3D打印提高50%。同时，零件的形状尺寸和组织性能可控，大大缩小产品周期。该技术以金属丝材为原料，材料利用率达到80%以上，而丝材料价格成本仅为目前普遍使用材料的1/10左右。

除了在地面大显身手，3D打印技术在太空当中也大有用武之地，经过两年努力，我国已经研发出国内首台空间3D打印机。空间3D打印机可以在太空中正常工作，对我国未来建设太空空间站有重要意义。有了它，空间站日常需要更换的很多零件，就可以不必费力从地面运送上来，而是利用3D打印机在空间站内部直接生产，再由宇航员或机器人进行安装。目前，我国的空间3D打印机可打印的最大零部件尺寸已经达到200毫米×130毫米，是美国首台空间在轨打印机打印尺寸的2倍以上，也超过美国2017年运至国际空间站的升级版3D打印机的打印尺寸。相信这一技术将为我国未来建成的太空空间站发挥重要作用。

我国现在还拥有全世界最大的激光3D打印技术机，深度融合了信息技术和制造技术等特征，由4台激光器同时扫描，是目前世界上效率和尺寸最大的高精度金属零件激光3D打印装备。这一装备攻克了多重技术难题，解决了航空航天复杂精密金属零件在材料结构功能上一体化，还有减重等方面的关键技术难题。

我们国家除了拥有最大的，还拥有能够连续打印的超级快速 3D 打印机。这款 3D 打印机采用数字投影技术，打印速度达到每小时 600 毫米，而传统的 3D 打印，打印同等大小的物体约需要 10 小时。

关键部位的关键技术

3D 打印不只可以简单生产一些常规的工业产品，还对一些具有高精度要求的、极为关键的零部件有着举足轻重的影响。

2016 年 1 月 9 日，我国自主研发的 SLM 系列设备 BLT-S300，成功利用 3D 打印技术打印出了核电站的关键部件，为 3D 打印技术应用于核燃料元件制造开发领域奠定了基础。

核燃料元件制造是集设计与加工于一体的高端精密制造，结构复杂，是当今世界制造业著名的高端技术。现在我国依靠先进的 3D 打印技术，能直接利用计算机图形数据生成任意形状的零件。通过逐层熔化金属粉末的制造方式，完成传统机械加工无法制造的复杂金属结构零件，制备的成型产品拥有致密性好、尺寸精度高的特点。

而在国人都非常关注的太空探索方面，中国航天科技集团公司一院二一一厂利用激光同步送粉 3D 打印技术，成功实现了“长征五号”火箭钛合金芯级捆绑支座试验件的快速研制，这是世界上首次将 3D 打印技术应用在运载火箭的关键部件的制造上。

捆绑支座是运载火箭当中的主要承力构件，对强度要求非常高，而且加工必须极为精细，其制造是世界级的工业高难加工工艺。我国利用激光同步送粉 3D 打印工艺，实现了捆绑支座的整体成型。经过系统工艺研究，该厂试制的产品顺利通过了各类检测，整体综合性能达到锻件水平，且较原设计减重 30%。

相信在未来，3D 打印机会像现在的冰箱、洗衣机一样，逐渐进入千家万户，同时又分布在我们身边的各行各业，将彻底改变我们对于印刷制造的一切既有观念。

第二章 2

生命研究：栽花成朵，插柳成荫

第一节　生命的探索，把脉源头

克隆，穷尽生命的可能性

迈出克隆技术的关键一步

“克隆绵羊，没爹没娘”，这句小品台词曾经让很多人发笑，虽然说得很质朴，但也恰到好处地将克隆技术的本质说了出来。1997 年 7 月，一只名叫多莉的绵羊，在通过克隆技术诞生后，更是引起了世界各国科学家的注意。从此，克隆成了大家的热门话题。克隆是英文单词 clone 的音译，原本指对幼苗和嫩枝以无性繁殖或营养繁殖的方法进行植物培养，后随着科技的发展，克隆的内涵不断扩大，不但适用于植物，也适用于动物。通俗地说，克隆就是无性繁殖。

其实，克隆这种无性繁殖的方法，在我们日常生活当中常常会用到。比如，每年春暖花开时，喜欢种花草的人，就会进行植物扦插：从一株植物上，剪下枝条，扦插到土地当中，长成另一株美丽的植物。还有很多低等生物，如细菌、涡虫都可以依靠自我分裂繁殖，生成无数个子体。

但高等生物比如牛、羊是否能够克隆呢？自然条件下当然是不可能的，但在人工干预下能否实现呢？这就是科学家们一度争议不断，也始终在思索的问题。很多人认为肝细胞只能产生肝细胞，顶多是产生多个肝细胞聚集形成肝组织，但肝细胞绝不会产生肺细胞，更不能生成一个完整的高等生物。但多莉羊的诞生，打破了这种看法，给科学家对高等生命的克隆繁殖打开了一扇通往更广阔天地的大门。

那么克隆羊是怎么产生的呢？克隆的基本技术就是细胞核移植。我们找来两只羊 A 和 B，取 A 羊的一个体细胞，将其细胞核单独提取出来；取 B 羊的一个卵细胞，去掉其细胞核，然后把 A 羊的细胞核移入 B 羊的去核卵细胞中。之后，将这个替换过细胞核的卵细胞植入第三只羊 C 的子宫，使其在 C 羊体内生长发育，形成一个胚胎，胚胎又逐渐发育成熟，被分娩出来，这个刚出生的小羊羔就是克隆羊。这只克隆羊的遗传基因和 A 羊是相同的。

虽然世界知名，但多莉并不是世界上第一个克隆体高等动物。其实，全世界第一个摘得成功克隆脊椎动物桂冠的科学家是中国人，克隆的对象是鱼类。只是因为诸多原因，这项成就没能及时得到世界的认可而与荣耀失之交臂。那么克隆鱼的背后，有着怎样的故事呢？

克隆鱼：走在世界前列的研究

众所周知，动物的细胞分为性细胞和体细胞。性细胞是具有生殖能力的细胞，如精子和卵子。一个性细胞只携带一半的遗传信息，需要精子和卵子结合成受精卵，才能拥有完整的遗传信息，进而发育成新生命。体细胞是指分化成组织和器官的“定型”细胞，如肝细胞、肺细胞等，每个体细胞都有这种生物完整的遗传信息。所以在理论上，人们只要拥有受精卵细胞和体细胞，就能完成克隆。但理论上成立的事，在实际研究过程中却往往很难实现。

20 世纪 60 到 70 年代，英、美、日等多个发达国家的众多生物学家都在搞相关研究，但多次受挫，始终没能获得成功。而此时，在中华大地上，一位受人尊敬的生物学家也在独立进行着相关研究，并终于获得了历史性突破，他就是童第周。

1973 年 5 月，童第周教授从鲫鱼卵巢里，取出成熟卵细胞质中的遗传物质，注射到金鱼的受精卵中。结果，在由接受人工处理的受精卵发育而成的 320 条幼鱼中，有 106 条由双尾变成单尾，双尾是金鱼的特征，而单尾是鲫鱼的特征，因此这 106 条鱼显然是受到人为因素的影响而出现了变异。

1975 年 5 月，童教授又和牛满江教授合作，从鲤鱼的卵巢里，取出成熟卵细胞质中的遗传物质，并注入金鱼的受精卵中。结果，有 22.3% 的金鱼出现了鲤鱼的部分特征。有人也许会问刚才已经用鲫鱼试验过了，这次换成鲤鱼又有什么意义呢？因为鲫鱼和金鱼是近亲，遗传物质原本就很类似，所以试验难度相对较小。而鲤鱼和金鱼的亲缘关系就比较远，实验难度就大了很多，而且能够验证遗传物质差异较大的动物之间是否可以进行克隆。

1976 年 5 月，童第周和牛满江又以蝾螈和金鱼的细胞进行实验。他们把蝾螈细胞质的遗传物质注射到金鱼的受精卵中，结果发现在 382 条小鱼中，居然有 4 条像蝾螈一样长出了平衡器。蝾螈和之前的鲫鱼、鲤鱼大不相同，不再是鱼类，而是两栖类，和金鱼的差异更大了，试验的难度更是倍增。这样的实验成果，是全世界第一次实现不同类别生物之间细胞核移植的成功案例。童第周开创了生物学发展的新历史，为了纪念童教授的贡献，人们将这些特殊的鱼称为“童鱼”。

在此之前，美英学者的有关研究，都是在同一物种之间进行的；日本学者曾经尝试在不同的蛙类之间进行细胞核移植，但都以失败告终。而童第周则成功实现了差异很大的不同物种之间的移植，跨越的难度可想而知。

后来，童第周在对鱼卵核移植研究和显微注射技术的帮助下，将培养 30 多天的成熟银鲫的肾细胞核连续核移植，成功获得 1 条性成熟的成鱼。这一创举成功进行了脊椎动物体细胞克隆，要比英国的体细胞克隆羊“多莉”问世早 15 年！开创了我国“克隆”技术的先河，童第周成为中国当之无愧的“克隆先驱”，也可以说是在真正意义上第一个实现脊椎动物的体细胞克隆的人。

克隆猴：克隆技术的推进

在克隆鱼获得成功后，中国的科学家并没有停止探索的脚步，而是继续向前，更深入地向更有价值的领域进军。2018 年 1 月 24 日，中科院神经科学研究所所长蒲慕明院士、孙强研究员和刘真博士，宣布成功培育出两只克隆猴，取名为“中中”和“华华”。

这对克隆猴姐妹的基因，来自同一个流产的雌性猕猴胚胎。科研人员提取了这个流产猕猴胚胎的部分体细胞，将细胞核“植入”若干个去掉了细胞核的卵细胞，结果产生了基因完全相同的后代。

时到今日，世界上克隆出来的动物很多，从克隆鱼到克隆羊，再到后来的克隆牛、鼠、猫、狗等。那么克隆猴有什么特殊之处呢？因为猕猴和人类同属灵长类动物，基因很接近，之前很多科学家都曾尝试克隆猴类，但都以失败告终。多数科学家曾认为，以现有技术是无法克隆灵长类动物的。而中国科学家经过数年努力，终于成功突破了这个世界生物学的前沿难题。利用该技术，科研团队在将来可以陆续培育出大批接受基因编辑和遗传背景相同的模型猴。

猴子的基因和人类非常接近，猴子身上的很多疾病也存在于人体，克隆猴的成功，将为人类脑疾病、免疫缺陷疾病、肿瘤、代谢系统疾病的机理研究、干预、诊治带来很大的帮助。这是世界生命科学领域近年来的重大突破。

稳步推进的中国基因研究

基因：生命奥秘的真谛

“种瓜得瓜，种豆得豆”是生物遗传特有的缜密逻辑。遗传，是由基因而起；变异，也是由基因而起。古代人对生命现象当中的遗传和变异现象，一直就很关注。为什么自家的孩子，长得像自己？为什么邻家的姑娘长得漂亮，和邻家的大人类似？面对这些现象，古人渴望知道藏在这些必然规律背后的本质。而研究还是需要从身边的小动物和植物着手，人们由此一点一滴地积累着知识。

1928 年，英国科学家进行了肺炎双球菌的转化实验。显微镜下，表面光滑的菌株是有害的，会导致小鼠死亡；表面粗糙的菌株是无害的，小鼠安然无恙。但当科学家把无害的活细菌与有害的死细菌的混合物注射到小鼠体内时，小鼠也死亡了。这说明，有害死细菌内有一种物质可以引起无害活细菌的突变，产生了有害菌，那么，这种物质到底是什么呢？科学家把有害菌中的各种化合物提取并分离，单独与无害菌混合，最终发现只有有害菌的脱氧核糖核酸（DNA）和无害菌混合培养才会出现有害菌。由此，科学家们初步得出DNA是遗传物质的重要结论。后来，人们经过多次实验，最终确认了DNA确实是遗传物质，后来又确认了DNA拥有双螺旋的稳定结构，并制作了DNA的双螺旋结构模型。

DNA 双螺旋结构模型。摄于辽宁省科学技术馆

DNA的作用和结构的确认，开启了分子生物学的大门，生命科学的新时代从此开始。

人们在此基础上开创了DNA重组技术。1973年，人类第一次成功地完成了基因克隆实验；1981年，培育出第一只转基因小鼠；1983年，培育出第一例转基因烟草；1991—1992年，培育转基因玉米与小麦获得成功。1996年，克隆羊多莉诞生。

进入21世纪后，基因工程研究进入鼎盛时期，在医、农、牧、渔等学科都得到了广泛应用。同时，蛋白质工程、酶工程、发酵工程等相继产生，这些科研成果将会给我们的生活带来更多便利。

那么在这个遗传技术异军突起的时代里，中国有哪些规划呢？又将会为我们的生活带来哪些变化呢？其实基因就好比一个巨大的宝库，短时间内根本不可能研究彻底。只有规划好了，一步一步实现研究，一步一步推动其实际应用，才能挖掘出这宝库里丰富的宝藏，为人类的生存和发展做出贡献。

中国的基因研究计划：提高生存质量的宝藏

中国十万人基因组计划：于 2017 年 12 月 28 日正式启动。本计划将获取我国 10 万人的健康数据，完成全基因组测序和数据分析，构建中国人基因组变异图谱，从而绘制多组健康地图。为今后中国人更好、更健康地生活，提供基因层面的保障。

中国新生儿和胚胎两大基因组计划：于 2016 年 8 月 7 日正式启动。计划将在未来的 5 年内开展 10 万例样本的新生儿基因检测，旨在构建中国新生儿基因组数据库，建立新生儿遗传病基因检测标准，制定新生儿遗传病遗传咨询标准，将会大幅减少残障儿童出现的可能性。

百万人群基因组测序计划：于 2017 年 10 月 29 日在江苏正式启动。该计划准备在南京江北新区建立超大规模的 DNA 测序平台和生物医学大数据分析中心，通过队列研究和百万人基因组 DNA 测序，建立中国人群特有的遗传信息数据库。

个人基因组计划中国项目：于 2017 年 10 月 29 日启动。中国是亚洲首个启动个人基因组计划的国家，旨在建立一个非营利性的基因组资源共享平台，由参与者个人自愿公开其基因组、生物样品、病史、血型等信息，共享给全球各地的科研工作者，从而最大限度地推动人类对自身基因组的认识。

地球生物基因组计划：目标是破译地球上所有生命的基因组，其项目组成员由多国科学家组成，有多位中国科学家参与其中。

基因，一切生命个体特点的原初，人类生命质量的基石。基于大数据平台上的生命基因的大数据库分类构建，也将是中国在未来向世界人民献上的一份大礼。

基因科技与未来生活的交融

说了这么多基因工程的发展成果，似乎和我们的日常生活离得有些远。基因难道不能给我们的生活带来一些看得见、摸得着的改变吗?其实是有的，随着基因组检测技术的发展，相信在未来，我们每个人都会拥有自己的基因组，通过分析基因组，就会有很多有针对性的改变。现列举一二例如下：

制作最适合自己的美食：每个人喜欢的食物和最有利自己健康的食物，都在基因层面有迹可循。了解自己的基因后，就能选定最适合个人口味和健康状况的食物。

选择适合的生活环境和运动娱乐方式：基因技术对每个人的特点加以分析，可以选择出最喜欢和最适合的工作和生活环境。还能拟定最好的运动方案，最大限度推动人们选择最健康的生活方式。还有娱乐方面的喜好也会受基因的影响。比如，我们喜欢的音乐旋律、颜色类型，都和遗传有关，当然也受到后天教育的影响。

几乎所有疾病都可以被预防：通过基因检测，每个人在遗传方面的弱点得以明确，能够预测大多数有可能患上的疾病。通过基因技术可以完全避免遗传疾病的出现。对心血管病、糖尿病和癌症这类在基因和环境共同作用下出现的疾病，当我们了解到遗传风险，以及这些遗传风险与环境的关系时，就能更有针对性地加以预防。

根据基因选药物：不同的基因特点，决定了相同药物对不同人的不同治疗结果。在未来，我们的基因数据可以在医学数据库当中保存，有治疗权限的医生可以直接获取患者的有效药物目录，这样每一次用药，都将是针对个体的，切实做到安全、有效。

提供更好的劳动保护：比如，有猝死倾向的人会避开高劳动负荷的工作，有过敏体质的人会避开有过敏源存在的工作环境。

干细胞，功能万变的细胞

千变万化的干细胞

大家都知道人的身体是由无数细胞组成的，这些细胞大约有 200 种，共 60 万亿个。在人的一生中，身体内各种细胞需要不断地更新，而这些新陈代谢的任务就要由一类非常特殊的细胞——干细胞来完成。干细胞究竟是什么样的细胞呢？打个比方，它就好比是体内的“孙悟空”，精通七十二变，只要体内的某个器官组织受损，干细胞马上就能摇身一变，变得与构成该受损组织的细胞一模一样，将受损的部位修补上。而且“孙悟空”还是有徒子徒孙的，只不过这些徒子徒孙的本事各有差异，有的什么细胞都能变，我们叫它全能干细胞；有的本事不济，只能变一部分种类的细胞，我们叫它多能干细胞；有些只学了些皮毛，只能变一两种细胞，我们叫它专能干细胞。

当然在理论上，全能干细胞是最好的，可以变身为人体当中的任何组织细胞，如果有合适的条件，甚至可能再生出一些原本不可再生的组织和器官。但全能干细胞只在胚胎形成初期大量存在，到人出生后，全能干细胞已经几乎不存在了，只剩下多能和专能干细胞。缺少全能干细胞是非常大的遗憾，想想吧，有些因为车祸导致脾摘除的，或者因病因伤切除四肢的人，有了全能干细胞就不必面临终生残疾的噩运，这该是多么大的医学进步啊！当然，目前的科技水平还做不到这一点，但科学家们正在苦苦研究，现在已经可以用干细胞治疗很多疾病了。那么干细胞都能做什么呢?

病人的未来福音

干细胞的“干”是对英文 stem 的翻译，有“树干”“根源”的意思。人体在发育过程中产生并保存了一些处于未分化或低分化状态的“干细胞”，它们陪伴我们终生并不断地更新人体当中的各种组织。因为它的多功能性，很多人形象地把干细胞称作“干什么都行的细胞”。

我们经常可以从各种媒体上看见或听到“造血干细胞”这个医学名词，其实用于白血病治疗的“骨髓移植”的主要目的，便是“造血干细胞”的移植。造血干细胞能够摇身一变，成为红细胞、白细胞、血小板等血液的主要成分。而得了白血病的人，造血干细胞出现了变异，无法生成有用的血液细胞，而是不断分裂出一些无用的，甚至是有害的细胞，占领人体的造血组织，这样就无法生成新的血液细胞。而血液细胞的正常寿命只有几个月，等人体此前生成的血液细胞大量死去，又没有新的血液细胞顶替上来，人的健康自然也就无法保证。这时通过移植新的造血干细胞，白血病患者就能重新获得造血机能，疾病也就有望康复了。这是我们现在利用干细胞治疗疾病最常见的例子之一。

我们国家在研究造血干细胞方面已经有了突出成就。研究人员最初研究病人血液中的血小板减少的原因时，发现是血小板的前身——巨核细胞少了。巨核细胞又是从哪里来的呢？是造血干细胞分化生成的。如果能促进造血干细胞向巨核细胞分化，产生更多的血小板，不就能治疗因血小板减少导致的出血性疾病吗？因此我国的科研人员开始研究引导干细胞分化的方法。

经过研究，我国著名干细胞专家韩忠朝及其团队发现：血液干细胞也可以向血管细胞分化，形成新生血管。他们在世界上首次规范使用血液干细胞治疗下肢缺血性疾病，取得非常好的疗效，开创了世界医学在这个方向新疗法的先河。

此外，韩忠朝还带领团队率先建立了全世界第一个脐带间充质干细胞库。这个细胞库有什么用呢？之前介绍过，全能和多能干细胞在我们还是一个胚胎时，是最多的。当出生时，这些干细胞多数都不存在了，但在脐带里还有很多脐带间充质干细胞，这些细胞还有很强的分化能力。过去脐带都被白白扔掉了，现在有了这个细胞库，就可以把这些珍贵的细胞妥善保管起来，等将来如果人们有了严重疾病时，就可以用这些干细胞治疗。现在，世界很多国家都在效仿我们，建立脐带间充质干细胞库。

前途无量的干细胞研究

干细胞技术使干细胞在人体外，也能繁育出全新的、正常的甚至是更加年轻的细胞、组织或器官，并最终通过细胞组织或器官的移植实现对疾病的治疗。

之前提到的移植造血干细胞治疗白血病，只是其中的一种应用。干细胞再生技术可以用来整形美容，还能治疗烧伤、创伤、溃疡。等以后科技发达、技术成熟时，再造心血管、骨、软骨等人体组织也是完全可以实现的。到那时，困扰了人类几千年的器官缺损修复难题也就迎刃而解。相信在未来，一些原本会导致残疾的外伤或疾病都变得可以痊愈。

如果用干细胞能修复大脑、内脏的话，像白血病、阿尔茨海默病、帕金森病、糖尿病、中风等，这些现在束手无策或疗效不理想的病，也都不足为惧。到那时，医学将会出现革命性的发展。

第二节　生命的呵护，打造健康中国

青蒿素，源自救命草的传奇

每天有 7 架坐满儿童的飞机失事！

看过电视剧《亮剑》的人都记得，李云龙指挥部队在反“扫荡”突围的时候突然患上疟疾，几乎丧失了战斗能力，险些被鬼子杀害。那么疟疾到底是什么病呢，居然让铁打的汉子丧失战斗力？

其实疟疾是由一种叫疟原虫的生物引起的。它，通过蚊子叮咬进入人体，通过血液循环寄生到人体的红细胞里。进入红细胞的疟原虫并不干好事，一边开始吸收红细胞里的营养，一边分裂增殖。当分裂到一定程度时，被寄生的红细胞被迫破裂，释放出一堆疟原虫。这些疟原虫又会寻找新的红细胞来寄生。这时，人体的免疫系统会开启保护机制，对入侵的疟原虫进行部分剿杀，在剿杀时就会引起人体的发烧和寒战。几个小时后，没被剿杀掉的一部分疟原虫进入了新的细胞，进行新一轮的营养掠夺和分裂增殖。此时，人体就会出汗使身体降温。但当红细胞再次破裂，就又会出现同样的症状。如此反复，寒热症状不断反复出现并伴有抽搐，被人们形象地称为“打摆子”。

这就是疟疾，很多人以为没什么大不了，无非就是杀虫。但在医疗技术很差的情况下，这个病是很可怕的。在中华人民共和国成立前，我国每年大约有 3000 万人感染疟疾，其中大约 30 万人会因此丧命。中华人民共和国成立后，随着医疗技术的进步和卫生条件的改善，感染疟疾的人数直线下降，到现在，疟疾在国内绝大多数地区已经近乎绝迹。但在世界范围内，疟疾依旧肆虐不已。2000 年前后，全世界每年有接近 3 亿人得疟疾，其中近 100 万人死亡，而且有相当一部分是孩子。这就是为什么疟疾的危害被形容为相当于“每天都有 7 架坐满儿童的飞机失事”，让人不寒而栗！

青蒿素，疟疾的天敌

一物总被一物降。你魔高一尺，我道高一丈，面对疟疾在世界肆虐，作为疟疾克星的青蒿素横空出世。它，使得 2000 年至 2015 年期间，全球疟疾发病率下降了 37%，疟疾患者的死亡率下降了 60%，这相当于拯救了 620 万人的生命。

疟疾作为一种非常古老的疾病，在 4000 多年前就已经被人类记录在册。它与天花、流感、肺结核、鼠疫、霍乱、斑疹伤寒、黄热病、艾滋病、非典并称为“人类历史上的十大瘟疫”。关于治疗疟疾使用的青蒿，中国战国时期的医书《五十二病方》就已经对其药用价值有了明确记载。到了明代，李时珍的《本草纲目》更是明确记载它能“治疟疾寒热”。

虽然青蒿的药用有着上千年的历史，但它对疟疾的治疗效果还是比较有限。到了近代，金鸡纳树皮和从中提取出来的物质奎宁，成为治疗疟疾的重要药物，再后来人们还人工合成了氯喹等药物，初步控制住了疟疾。但好景不长，在人类医药技术进步的同时，这种疾病也出现了新的变化。到了20世纪50年代，疟原虫产生了抗药性，之前的各类药物的疗效都大打折扣。20世纪60年代初，疟疾再次肆虐东南亚，大批居民死去。

越南求助于我国，希望能给予抗疟药物的支援。当时，屠呦呦在防治血吸虫方面做出了很大的贡献，于是国家把治疗疟疾的重担也交托到她肩上。

由于中国人使用青蒿的历史源远流长，《诗经》里有“呦呦鹿鸣，食野之蒿”的诗句，中国人与一“蒿”字结下了绵长的渊源。屠呦呦决定从中医学宝库中找寻线索，她收集汇总出640个中医治疗疟疾的药方，逐一筛选，但效果都不理想。后来，她读到东晋人葛洪撰写的《肘后备急方》时，其中一句话猛然提醒了她：“青蒿一握，水一升渍，绞取汁尽服之。”屠呦呦当即想到，不能用传统的煎药方式，可能是由于有效成分不耐高温，于是决定采用常温提取的方法。经过周密的思考，屠呦呦重新设计了新的提取方案，从1971年9月起对此前筛选过的重点药物，还有几十种的候补药物，夜以继日地不停进行实验。结果证明，青蒿的乙醚提取物去掉其酸性部分后，剩下的中性部分抗疟效果是最好的。10月4日，历经数百次失败后，终于有了突破性的进展，实验证实，191号青蒿乙醚中性提取物对鼠疟原虫的抑制率达到100%！屠呦呦进一步进行提纯和试验，终于成功提取了能够治疗疟疾的特效药——青蒿素。

青蒿素，造福世界的良药

随着医药科技的发展，青蒿素及其制取工艺被发现之后，新药“青蒿素”不断在世界范围内推广，国内每年感染疟疾的人数已经降低到百人以下，国外的疟疾感染人数也在急速下降。如今，以青蒿素为基础的联合疗法，是世界卫生组织推荐的治疗疟疾的最佳疗法。

也正因为这一伟大发现，屠呦呦于 2015 年 10 月成为我国第一位获得诺贝尔生理学或医学奖的科学家。2019 年 1 月 8 日，英国 BBC 新闻网“偶像”栏目发起“20 世纪最伟大人物”评选，在“科学家篇”中，屠呦呦进入了候选人名单。她淘汰了天文学家斯蒂芬·霍金、量子力学的创始人马克斯·普朗克，与物理学家居里夫人、爱因斯坦等人并列，她也是科学家中唯一在世的候选人，还是唯一的亚洲人。对于屠呦呦的入选，BBC 给出了如下理由：“在艰难时刻仍然秉持科学理想”，“砥砺前行亦不忘回望过去”，“她的成就跨越东西方的差异”。

青蒿素的发现，为世界带来了一种全新的抗疟药，为全世界带来了福音，赢得世界一片欢呼。

治愈绝症的希望——干扰素

可怕的癌和病毒

大家都知道癌症是非常可怕的疾病，很多癌症都难以治疗，但为什么癌症那么危险呢？因为癌细胞具有无限分裂增殖的特点，正常细胞分裂到一定的程度就不再分裂了，而癌细胞的分裂永无止境。分裂增殖的过程中需要大量的营养，所以癌细胞把人体当中的各种营养都抢走了，而正常的细胞因为得不到养分而日渐衰弱，最后人们会因为全身器官衰竭而死去。所以人们把因癌症去世的人称为“被饿死的”，说的就是这个道理。

那么怎么治疗癌症呢？传统的办法是吃化学药物（化疗）、接受放射线照射（放疗）来杀死癌细胞，但这些方法都是无差别攻击，癌细胞和健康细胞都会受到损伤，而且只能暂时抑制癌细胞，治标不治本。要想真正有效治疗癌症，必须进行精确打击，直接攻击癌细胞本身。

除了癌细胞，病毒也是很可怕的。2003 年的那一场非典、2020 年的新型冠状病毒让人心惊胆战。此外，20 世纪 90 年代的甲肝大流行，到现在依旧可怕的乙肝泛滥，都是让人们感到很惊悚的疾病。这些，是源于病毒的传播和蔓延。

病毒的可怕大家有目共睹，人们已经和病毒战斗了无数个世纪。其实病毒不好对付的原因主要有两个：第一是和癌细胞相似的无限繁殖能力，通过窃取人体细胞的蛋白质和 DNA，分解之后复制成自己的 DNA 或 RNA 和蛋白质外壳，达到增殖的目的；第二是很多病毒是以 RNA 为遗传物质，RNA 和 DNA 的不同在于是单螺旋结构，很不稳定，所以很容易变异，变异后的病毒往往会导致之前的治疗方法无效。

那么有没有一种技术和药物，能够全面解决这么多问题呢？其实是有的，虽然还在进一步完善当中，但已经有了新的曙光展现在眼前，那就是干扰素的发现和实际应用。

干扰素：抗癌扼毒神器

干扰素又是什么呢？其实是一种特殊的蛋白质。顾名思义，干扰素的作用，就是干扰。干扰什么呢？干扰病毒的基因复制和癌细胞的分裂增殖，也就是解决病毒和癌细胞无限分裂的问题。虽然抑制复制和分裂，不能彻底消灭病毒和癌细胞，但这为人体免疫力杀毒、其他药物的治疗和手术争取到了更好的机会。最重要的是，干扰素对健康细胞的影响不大，不会出现像“化疗”和“放疗”一样“杀敌一千，自损八百”的情况。

过去，干扰素主要靠从人体白细胞当中分泌，产量非常低，无法满足医疗上的批量应用。后来，人们运用基因工程技术大量生产干扰素获得成功后，才有了广泛应用的可能。在这一领域，我们国家的干扰素研制和应用已走在了世界的前列，而这一成就，要归功于著名生物学家侯云德，他是奠定我国分子病毒学基础的人。

侯云德早在年轻时留学苏联期间，就已经在病毒学研究领域取得了让世界同行为之瞩目的成就。1982 年，侯云德首次克隆出具有我国自主知识产权，对中国人治疗效果更明显的新型干扰素基因。这是我国第一个基因工程创新药物，实现了我国基因工程药物从无到有的突破。这种新型干扰素对乙型肝炎、丙型肝炎、白血病、慢性宫颈炎、疱疹性角膜炎等，都有非常好的疗效。

他的这一发现有多大的意义呢？当时在国际上，美国、瑞士等国的科学家已经靠基因工程的方式，把干扰素制成有效的治疗药物，疗效是世界公认的，但价格非常昂贵，而且对出口有很多限制，大多数人都用不起，也买不到。侯云德成功制造出干扰素药物后，国产干扰素价格只有进口药的1/10，这就使得干扰素这类好药终于进入了寻常百姓家。侯云德，堪称基于中国国情特点，服务于本国人民的专家。

甲流疫苗：八旬老人的再次豪迈

侯云德对祖国的功绩和对世界医学的贡献，还不只是在干扰素方面。2009年，全球甲型H1N1流感病毒大肆泛滥，全球因此死亡的人数短时间内就超过了1万。国家紧急调集各方面的人才集中攻关，研制该病毒的疫苗。此时，已年近80岁的侯云德再次披挂出征，为国操劳。他和团队一起日夜奋斗，仅用了87天，在世界范围内第一个成功研制出新型甲流疫苗，让中国成为全球第一个批准新型甲流疫苗上市的国家。在向全球应用推广时，世界卫生组织建议该疫苗要注射两次，侯云德则说："不，只需打一针就够了！"注射疫苗的剂量和次数是关乎人命的大事，万一出现偏差，后果不堪设想。侯云德是绝对对广大人民负责的，他有足够的理由和信心。最终，事实证明侯云德的论断是正确的。只打一针的方案大获成功，世界卫生组织也根据中国经验修改了"打两针"的建议，认为一次性接种疫苗预防甲流是可行的。

2009年的甲流疫苗，实现了人类历史上首次对流感大流行的成功干预。甲流疫苗的及时上市，大幅降低了我国甲流的发病率与病死率，使得2.5亿人避免患病，7万人免除住院困扰。病死率，更是远低于国际社会。这一重大研究成果获得世界卫生组织和国际一流科学家的高度赞赏和一致认同。

第三节　改造自然，人类的进步

人类的福祉——杂交水稻

全球一半人的福祉

大米饭味道香甜、口感糯滑，是很多人的最爱，也是整个东亚和东南亚人民的主食，全世界以大米为主食的人口占到总人口的一半以上。在我们国家，水稻的产量也是所有庄稼里最多的，从黑龙江北部的三江平原到南海诸岛，从台湾到西藏的部分地区，都可以种水稻，可以说水稻是我们的生命之源。我们国家从 7000 多年前就开始种植水稻了，到了宋代，全国各地几乎都有水稻的身影。但是随着人口不断增长，水稻产量增长的速度相对来说，总是有点不尽如人意。所以，无数的农业学家都在想方设法地培育新的水稻品种，期望能够大幅度提高产量。

农业学家认为传统的挑选最好的种子来获取更高产量的办法，在经过几千年的选择后，上升空间已经很小了，要想找到更好的品种，就必须独辟蹊径，于是有些人就想到了杂交优势。

那么，什么是杂交优势呢？就是把两种遗传基础不同的植物或动物进行杂交，产生的后代表现出的各种性状都优于双亲。举一个例子来说，骡子就是驴和马杂交所得的后代，骡子有驴耐力强、善吃苦的优点，也有马跑得快、身材高大的优点，而且体力要比马和驴更好，也更温驯，继承了父母的优点，又弥补了父母的不足，这就是杂交优势的典型例子。

那么，水稻通过杂交能够有什么优势呢？这个就得通过实际验证了。但人们随后发现水稻要想杂交异常困难，为什么呢？第一，水稻是自花授粉植物，也就是说水稻开的花里，同时有雄蕊和雌蕊，在花的内部就可以互相授粉。而要想实现杂交，就必须是异花授粉。如果只是做实验，可以采用人工去掉雄蕊的方式，强迫水稻异花授粉，但如果离开实验室，要让千万亩土地上的无数水稻都异花授粉，人工去掉雄蕊工作量太大，根本不现实。第二，水稻杂交，就必须找到野生的水稻品种，这种品种必须是雄蕊已经退化，只能靠异花授粉的水稻（农业上称为雄性不育系），而且和现有水稻的品种有很大的差异，方便取长补短，但这种水稻非常罕见，很难寻找。

正因为这两个难题，所以几乎所有的农学家都认为杂交水稻是不可能成功的，但这时，有一位中国农学家挺身而出，用自己毕生的研究证明杂交水稻是可行的。他就是袁隆平，他为全球一半以水稻为主食的人们带来了莫大的福祉。

改变世界的农业奇迹

袁隆平，1930 年 9 月 7 日生于北京，他的父亲袁兴烈在抗日战争期间担任过孙连仲将军的秘书，是一位爱国官员。父亲希望袁隆平走仕途，但他却因为自己的兴趣毅然选择了农学，励志要改变中国农村贫穷落后的面貌，为此不惜在毕业后远赴较为落后的湘西农村。

袁隆平青少年时期，正是抗战期间，因为战乱，粮食连年歉收，无数百姓受饿而死，年幼的他随父母四处迁徙，尝尽逃难的艰辛，因此他才下定决心要为祖国的富强做出贡献。既然选择了农学，他就下定决心要让百姓都吃饱肚子。

从 1953 年到 1966 年，袁隆平在农校一边教课，一边做育种研究，每年都要下农田选种，筛选具有稳定遗传优异性状的品种。

1962 年，袁隆平在一块田里发现了一株特殊的稻，这株稻鹤立鸡群，穗特别大，而且结实饱满、整齐一致，袁隆平很高兴，采集了种子并栽种下去，没想到种出来的稻子却远不如当初的那一株。袁隆平经过苦思，认为当初那株好稻子是天然杂交种，不是纯种，因此第二年遗传性状出现分离，而如果按照那棵原始杂交种的产量来计算，亩产可以达到 1200 斤，这在当时是非常惊人的。于是，袁隆平开始进行杂交水稻的研究。

当然，袁隆平也遇到了前面提到的两大难题，但袁隆平没有迷信其他专家的看法，而是下决心必须找到雄性不育系。袁隆平在 1964 年到 1965 年连续两年的酷暑季节顶着烈日，大海捞针般寻觅，他在稻田里前后共检查了 4 个常规水稻品种的 14000 多个稻穗后，终于找到了 6 株雄性不育的稻子。

对袁隆平的做法，学术界的多数人是不以为然的，当时国际上很多专家都认为水稻是自花授粉作物，经过数千年的挑选，积累下来的基本都是优良的基因，就算杂交成功，也不会产生明显的遗传优势，所以这是白费力气。

但袁隆平没有放弃，而是继续刻苦研究，历时近 20 年，终于在

1974 年成功配制三系杂交水稻种子，并组织了优势鉴定。1975 年，大面积制种成功。1976 年定点示范 208 万亩，在全国范围开始应用于生产。此后 10 年间，全国累计种植杂交稻面积 12.56 亿亩，累计增产稻谷 1000 亿公斤以上，增加总产值 280 亿元。中国杂交水稻的成功自此震惊了全世界。

已经做出成绩的袁隆平并没有止步不前，而是继续研究更为先进的二系杂交水稻和一系杂交水稻，并带动了整个中国农业研究的高速发展。杂交水稻现在不但造福中国，还走出了国门，造福世界。

国际水稻研究所所长、印度前农业部长斯瓦米纳森博士高度评价说:“我们把袁隆平先生称为‘杂交水稻之父’，因为他的成就不仅仅是中国的骄傲，也是世界的骄傲，他的成就给全人类带来了福音。”

到了 21 世纪，袁隆平再接再厉，其指导的超级杂交稻“百千万”工程实测亩产达到 1013.8 公斤，创造了新的杂交水稻高纬度亩产世界纪录；在广东，“华南双季超级稻年亩产 3000 斤全程机械化绿色高效模式攻关”项目年亩产量达到 1537.78 公斤，再创水稻亩产世界纪录；海水稻在广东湛江、山东、吉林等地试验种植近 6000 亩，平均亩产超过了 300 斤。

袁隆平写下了一个又一个震惊世界的水稻神话。

杂交水稻成功的方法

我们之前介绍了杂交水稻遇到的难题，那么袁隆平博士又是怎么克服这些困难的呢？杂交水稻又是怎么产生的呢？首先要研究培育出前面说的雄性不育系，作为母本。为了让本身没有繁育后代能力的母本拥有后代，就要给它找两个“对象”，第一个对象外表很像母本，但能够繁育后代，用它的花粉授给母本后，长出和母本一模一样的“女儿”。另一个对象与母本截然不同，是正常的水稻，比母本在各方面都更优秀，也有健全的生育能力，用它的花粉授给母本后，生产出来的是“儿子”，儿子比父母都更强健、高产，也就是真正意义上的杂交水稻。母本、女儿、儿子三种类型组成的系统就被称为三系杂交水稻。母本叫不育系，第一个对象叫保持系，第二个对象叫恢复系，简称“三系”。种地时，要种一块繁殖田和一块制种田，繁殖田种植不育系和保持系，保持系的花粉借助风力传送给不育系，不育系得到花粉而结出种子，产生的后代仍然是不育系，这样不育系就能够不断产生种子。人们把种子留一部分来年继续繁殖，另一部分则同恢复系的花粉杂交，得到的种子就是可以广泛种植的杂交水稻。

后来，袁隆平博士将步骤繁多的三系杂交水稻简化为两系杂交水稻，是把恢复系和保持系结合使用，利用光敏、温敏等材料繁育，使恢复系在不同气候条件下可以表现出保持系的特性。相信在不久的将来，更加简便先进的一系杂交水稻也将成为现实，到时，我们就可以更加安心地享受生活了。

合成生物学，改变生命的形态

并非科幻的合成生物

看过《侏罗纪公园》和《侏罗纪世界》系列电影的人都记得里面科

学家通过基因技术重现了6000多万年前就已经灭绝的各种恐龙，创造了一个宛如梦幻的世界。不过电影里有一段细节不知道大家有没有注意到，负责恐龙基因培养的吴博士提到过，如果完全按照6000多万年前白垩纪时代的恐龙基因原样复制，那么恐龙根本就无法适应现在的地球环境，所以要在恐龙的基因里加入其他动物的基因，这样它们才能够在这个时代生龙活虎。其实这就是依靠合成生物学做到的。

虽然修改恐龙基因只是科学幻想故事，但合成生物学的确神通广大，就拿我们耳熟能详的科学家屠呦呦因发现青蒿素从而获得诺贝尔奖的这件事来说吧，发现青蒿素当然非常了不起，但如果没有合成生物学的帮助，青蒿素的产量是上不来的，没有高产量也就难以推广，那它给世界带来的益处就会大为减少，因此合成生物学是青蒿素得以推广的幕后功臣。有人把合成生物学比作是生物“梦工厂”，让人类能够像组装机械那样组配生物，通过不断的调配和组装，实现“以人类的意志创造出有益的物质或具有特殊功能的生命体”。

那么既然合成生物学如此重要，我们国家在这一领域又有哪些突出的贡献呢？

真正创造生命

在中学的生物课上，我们就学习过生命功能的执行者是蛋白质。所以合成生物学合成的诸多物质当中，蛋白质是非常重要的一环，而且不但要合成蛋白质，还得是有活性的蛋白质，这样才真正算得上是生物。

我国科学家在中华人民共和国成立后不久的1965年9月17日，在极度困难的情况下成功合成出有活性的结晶牛胰岛素，这是全世界第一次成功人工合成有活性的蛋白质。那么为什么要合成牛胰岛素呢？牛胰岛素与人胰岛素的结构和化学性质都非常接近，可以作为人胰岛素的替代品，用于糖尿病等疾病的治疗，所以有着非常重要的医学意义。

随着科技的发展，我们国家的合成生物学水平也越来越高，2017年，我国科学家在世界知名杂志《自然》上发表论文，宣布首次人工创造出有生命活性的单染色体真核细胞，这标志着世界合成生物学研究进入了新时代。

中科院分子合成生物学重点实验室覃重军团队将酿酒酵母作为实验对象，采用工程化精准设计方法，对酿酒酵母所拥有的全部 16 条染色体的全基因组进行大规模裁剪，并重新排列，最终将 16 条染色体里的几乎所有遗传信息，都融合进 1 条超长的线型染色体当中，创造出一种全新的酿酒酵母。尽管新的酵母是脱胎换骨的新生物，但它的生长规律、功能和基因表达都和天然酵母非常类似。

有些人可能觉得这只是出现了一种新的酵母，有多大的意义和作用吗？其实不但有意义和作用，而且是非常巨大的。第一，它证明了人类是可以依靠人工修改的方式，重新编辑生物的 DNA，这对将来人们探究如何治疗因 DNA 有缺陷而导致的疾病，有很大的帮助。第二，虽然试验对象酿酒酵母看起来和人类有着巨大的差异，其实二者的基因有相当多的部分是很近似的，研究酵母的基因对研究人类的基因也有很大的帮助。

那么，为什么是起步较晚的中国人，引领合成生物学迈入新时代呢？研究的主要负责人覃重军认为“思想上大胆创新，加上工程上精细实施”，是未来中国合成生物学取得重大突破不可缺少的两大因素。“西方合成生物学的研究模式强调精细化工程实施，但只有工程实施远远不够，敢于跳出权威束缚、有原创思想引领，才是保持领先优势的关键。”

合成生物学开创无限可能

那合成生物学具体都能做些什么呢？首先是生物医药开发，可以创造出疗效更好的药物，提升原有药物的药效，增加药物的产量等。还可以促进生物新能源的开发，开发人工合成细菌，可将糖类直接转化成与常规燃油兼容的生物燃油。国外甚至合成了专门用来生产甲烷的全新细菌。还能合成微生物机器人，可以用来消除水污染、清除垃圾、处理核废料等。

很多新材料也是靠合成生物学制造出来的。还能增加一些稀有物质的生产速度，如青蒿素。更神奇的是在未来也许可以生产出生物量子计算机，生物量子计算机是运用合成生物学对人造生物体设计、构建的生物计算机，和基于生物合成材料的新型量子计算机，其运算速度和存储能力有望比现有计算机高出数亿倍。

也就是说，合成生物学是能够给人类的未来发展带来无限可能的学科！

第三章 3

能源深掘：野火不尽，春风又生

第一节　大地的馈赠，探寻丰富的宝藏

甩掉贫油帽，陆相也藏油

泄气的日本人和成功的中国人

1936 年，在中国东北的抚顺，一群日本人正在眉头紧锁地研究着图纸，这些侵略者准备在这里修建一座化工厂，是做什么用的呢？是以东北地区出产的油母页岩为原料，生产人工合成的原油，以供侵略战争之用。虽然这所化工厂最终建成投产了，但出产的人造原油数量少、质量差，还会腐蚀机器，让这些日本人大为恼火，看来人工合成原油只能是辅助手段，真要实现所谓的“大东亚共荣”，还是得找到真正的油田。于是日本人派出多支地质勘探队，在辽阔的东北大地上到处寻找大油田的蛛丝马迹。可是历经数年，全都无功而返。

日本人对此进行研究，认为设备没有问题，都是从欧洲引进的最先进的勘探设备，但中国的地质条件不行。之前全世界发现的大型油田都分布在曾是海洋的陆地上，所以传统石油地质理论认为，石油是由远古时代的海洋生物在复杂的地质条件下产生变化，逐步生成的。而中国的陆地基本都是大陆地形，没有沉入过海底，也就没有海洋生物，自然没有石油。最后，泄气的日本人放弃了在中国寻找大油田，但想要实现军国主义野心，石油是不可或缺的，最终日本人将目光对准了东南亚，决定将侵略的矛头对准那里，以便夺取那里的油田。后来，日本偷袭珍珠港，其目的之一就是打击美国海军，避免美国干扰自己南下占领油田，但也因此为自己的最终失败埋下了伏笔。

20 多年后，一群中国人在自己的土地上再次针对大油田进行了细致的勘探，之前，美国人、加拿大人、苏联人、日本人，都已经对这片土地存在大油田“宣判了死刑”，但从不迷信外国人论断的华夏儿女，再次向外国专家的结论发起了挑战。他们在物资条件极为匮乏，自然条件恶劣的情况下，励精图治，以超人的毅力艰苦奋战，终于在 1959 年在黑龙江大庆找到了超大油田。

中国人不会“永远只能用‘洋油’”

中国是全世界最早发现并利用石油及天然气的国家之一。早在战国时期，华夏先民就在陕北发现了石油。12 世纪，中国人已经在四川钻成了天然气井，宋人沈括的《梦溪笔谈》就已经明确记载了当时的人们开采石油的方法。但在古代，人们开采和应用石油的方式还很原始，基本都是简单当作燃料，开采出来的石油数量也很有限，不可能用于工业化的生产，而且发现的都是一些储量非常小的油田，无法长期开采。

真正将人类带入石油时代的，还是 19 世纪的西方人，西方人先后在欧洲和美国找到了多个大油田，世界进入了以石油化工为基础的工业化时代。1878 年，近代石油勘探技术也传入了中国，但在此后的近半个世纪里，中国的石油工业几乎没有什么发展，其中一个重要原因是“中国陆相贫油”的观念束缚了无数地质勘探者的思想：石油从何而来？什么样的地质条件可以产生石油？这两个问题直接影响着人们寻找油田的方式。

1863 年，加拿大著名石油地质学家亨特提出石油的原始物质是低等海洋生物；苏联“地球化学之父”别纳科依在其名作《地球化学概论》中也明确指出，石油是海洋生物生成的；1943 年，美国地质学家普赖特再次强调：“石油是未变质的近海成因的海相岩层中的组成部分。”总之一句话，这些大科学家都认为有石油的地方必然曾经是海洋，或与海洋密切相关的地区。因中国大多数地区的地质情况却恰恰不具备这一条件，因此有一些狂妄的外国人甚至说：“中国人永远只能用‘洋油’！”

1913 年，著名的美国美孚石油公司，组织了一个调查团到中国的山东、河南、陕西、甘肃、河北、东北和内蒙古部分地区，进行了大量的石油勘探调查，一无所获。据此，1922 年，美国斯坦福大学地质学教授勃拉克韦尔德提出中国没有中生代、新生代的海相沉积，所以必然缺乏石油。

外国的一大群专家众口一词，却没有吓住中国老一辈的地质学家，他们以扎实的地质理论基础，结合多年的石油勘探经验，提出“美孚的失败，并不能证明中国没有石油”。这是李四光早在 1928 年的论断，20 世纪 20 年代至 30 年代，以谢家荣、潘钟祥、黄汲清、孙健初等为代表的地质学家先后到陕北高原、河西走廊、四川盆地及天山南北进行油气地质调查，分别于 1937 年和 1939 年在陆相盆地中，找到了新疆独山子油田和甘肃玉门老君庙油田。这些发现拉开了中国陆相生油理论诞生的序幕。但这两个地方都是中小油田，还不足以彻底推翻外国权威的理论。

序幕拉开后，真正将贫油国的帽子甩进太平洋的人终于出现了，他就是潘钟祥。潘钟祥，1906 年 4 月 16 日出生于河南汲县，家里人是经营煤矿的。在家庭环境的影响下，潘钟祥从小对历史、地理颇感兴趣，后来考入北京大学理科预科，1926 年升入地质系。

他阅读了大量的文献资料，又在全世界范围内广泛实地调研，风餐露宿，吃尽无数苦头，终于写出了论文《中国陕北和四川的白垩系石油的非海相成因问题》，明确指出:“石油也可能生成于淡水沉积物，并且可能具有工业价值。”这是中国人最早提出的“陆相生油”论点。随着中国石油地质调查的发展，黄汲清、谢家荣、侯德封、阮维周等学者都对陆相生油问题进行了研究，得到了重要的研究成果。在这些专家学者的理论指导下，地质工作者不断努力，终于有了 1959 年大庆油田的发现，此后又在 60 年代找到胜利、大港、辽河三大油田，1975 年又发现任丘古潜山油田，这些重大发现都证明了陆相地层是可以形成大型乃至特大型油田的。陆相生油理论不但指导了中国的石油勘探，改变了中国石油化工业的面貌，还造成了国际影响。著名美籍华人学者李庆远高兴地说:“我看现在应该是外国人向中国学者学习陆相生油理论和找油经验的时候了。”

引导世界石化工业走向新格局

随着中国、澳大利亚等国石油地质专家对一些陆相盆地的深入了解和研究，陆相成油理论已经不再被认为是无稽之谈，反而已经成为一种被越来越多的专家所接受的重要指导理论。美国、澳大利亚和德国的一些著名学者也发表了很多关于陆相生油的论述。当然，中国石油地质学家、地球化学家对陆相生油及油气藏形成理论，做出了极为卓越的贡献。加拿大多伦多大学地质系主任马洛尔教授，了解了中国陆相含油气盆地的情况后，在自己的著作中提出："中国油气藏普遍形成于陆相沉积。作为陆相沉积盆地专家，我从那里（中国）学到了许多有关盆地的知识。"

陆相石油地质理论的提出和逐步完善，不但帮助我们国家摘掉了贫油国的帽子，还丰富了世界石油勘探理论，为帮助世界范围内的地质勘探学者寻找更多的油田做出了突出贡献。

陆相石油地质理论是石油地质学的重要组成部分，它的不断发展和完善，将提高石油地质学的整体水平。陆相石油地质理论也将不断吸收海相石油地质的理论，以促进世界石油与天然气勘探的发展。

981 钻井平台，移动的国土

碧海蓝天下的"钢铁巨人"

张华是家住在西沙群岛的鸭公岛的一位渔民，鸭公岛是位于南海的一个不起眼的小岛，是一个完全由珊瑚礁堆积而成的地方，面积只有大约 0.01 平方千米，岛上还有一个随海潮涨落的小湖。这样一个小岛，总共只有几十户渔民，住房非常简陋，屋顶都压着很大很重的贝壳还有一些珊瑚，放置这些美丽的东西其实是为了防止台风把屋顶刮走的。

这个小岛虽然如此不起眼，但这里及周围的自然风光却是无与伦比的，周围都是蓝天碧海，只要驾船出海，就可以看到很多珊瑚岛，犹如大海上一颗颗璀璨的明珠，下海就有大量的珊瑚、贝壳与成群的鱼，四周海水清澈、透明，站在岛上凭肉眼就可看到海底的景象。有时，张华驾船出海，路过有名的甘泉岛时，还会专程上岛到甘泉取水，那里的泉水甘甜爽口，清洌，沁人心脾，这片大海真是一块宝地啊！

不过这里的景色也并非一成不变，这一天，张华再次驾船出海时，突然看到一座庞然大物出现在海上，两个像是船一样的基座上支起4根立柱，每根立柱平均长宽各10米，甲板室顶部配备直升机起降平台。平台上满是机械手臂，矗立海面宛如钢铁巨人。张华张大了嘴巴：这到底是什么东西啊，从来没见过呢！他好奇地驾船绕着这个“巨人”走了一圈，居然用了半个多小时。这时一艘海警的巡逻艇正好也从这里路过，张华和这些海警都是老朋友了，就好奇地向他们打听这个“巨人”的来历，海警自豪地说：“这就是咱们国家最新型的石油981钻井平台啊！以后，这广大的海域就可以为我们国家提供优质的石油和天然气了！”张华听完精神为之一振，回头眺望那耸入云天的钻井平台，觉得生活也有了新的盼头。

海上的希望之星

现在，经过反复勘探和研究，科学家认为海洋当中蕴藏了全球超过70%的油气资源，并同时预估全球深水区最终的潜在石油储量高达1000亿桶，但中国此前只具备在300米以内水深的油气田进行勘探、开发与生产的全套能力，而国外的深水钻井能力已达到3052米。现在，第六代深水钻井平台“海洋石油981”，将填补中国在深水石油钻井装备领域的空白，使中国能够拥有世界领先的深水装备水平。

“海洋石油981”钻井平台从外观上看就非常霸气，整个平台半潜于海面，呈长方形，4根立柱下面“踩”着两个巨大的船体，长114米、宽89米（面积超过1个标准足球场），从船底到井架顶高137米，相当于45层楼。自重30670吨，承重12.5万吨。最大作业水深3000米，钻井深度可达1万米。

也许只看上面的这些数据，大家还是对这个巨大的海上钻井平台的规模有些模糊，那我们就举一个局部的例子来形象说明一下吧：在这个钻井平台锚链的末端，有12个抓力钩，它们对于整个平台而言，只是几个不起眼的小部件，但每一个却都重达15吨，有两人多高。因此，说981钻井平台是有史以来最大的人工装备之一毫不为过。

“海洋石油981”钻井平台不仅大，而且将当今最高精尖技术集于一身。当今世界范围内，类似的海上钻井平台总共约有17艘。论综合能力，该钻井平台可以排入前三。在巨大的体积之下，“海洋石油981”钻井平台整合了全球一流的设计理念、一流的技术和装备，因此也就具备了令人赞叹的“高精尖”技术：

1. 世界第一艘使用锚泊定位与动力定位组合系统的钻井平台

“海洋石油981”钻井平台本质上是一艘漂泊在海上的大船，而且还要在远离海岸的区域长期作业，难免会遇到狂风巨浪和复杂海况的考验，那么怎样能让平台稳如泰山呢？

它首次采用了动力定位和锚泊定位的组合定位系统。说得直白一点，就是在1500米水深以内的海区，用抛锚的方式固定平台；在3000

米水深的海区，抛锚已经够不到海底，就采用动力定位，也就是在精确计算的基础上，靠 8 个推进器的反作用力抵消风、浪、洋流等外界因素对船体的作用力，达到平衡定位，不让平台出现超过 1 米以上的偏移。这件事说起来简单，但做起来极度困难，大海上情况如此复杂，而偏移的允许范围又如此小，需要极度精密的仪器，与操作人员高度的技艺水平和谨慎的工作态度。

2. 可抵御 200 年一遇的超强台风

南海地处热带、亚热带，每年都要有数次台风过境，平台设计上必须考虑抵御台风的能力，首次采用 200 年一遇风浪参数对平台的总强度和稳定性进行校核，足以抵挡 17 级台风，远超国际平均标准，使得平台在南海恶劣海况条件下确保高效安全作业。

3. 防喷器世界领先

海上石油钻井平台另一种重要安全隐患，是开采期间的石油泄漏问题。传统上是采取液压控制和电信号控制的方式关闭出现漏油的油井，但 2010 年 4 月 20 日，美国墨西哥湾原油泄漏事件中，传统的控制方法都失效了，导致耗时近 3 个月才关闭了油井，造成了严重的环境污染。有鉴于此，“海洋石油 981”首次采用了“本质安全型”防喷系统，即在传统控制方式都失灵的情况下，靠水下储能器控制，紧急情况下可自动关闭井口。这在世界上也是非常先进的。

“五型六舰”联合舰队

在浩瀚的南海上，“海洋石油 981”绝不是孤军奋战，我国打造了以“五型六舰”为主体的联合舰队，开启了中国开采深海油气的新时代。除“海洋石油 981”外，这支舰队还包括：

我国自主建造的第一艘深水物探船——“海洋石油 720”，可拖带 12 条 8000 米电缆，进行海上三维地震信息采集作业；“海洋石油 708”，是全球首艘集钻井、水上工程、勘探功能于一体的 3000 米深水工程勘探船；“海洋石油 681/682”，是 2 艘为“海洋石油 981”量身打造的深水大马力工程船；“海洋石油 201”深水管起重船，能在除北极外的全球无限航区作业。

这支“深水舰队”的全部成员，都由中海油自主研发，在中国制造，设计过程都由国内的船舶设计部门负责，制造总承包商都为中国造船企业，为我国自营勘探开发南海深水油气资源打下了坚实基础。当前，我国的目标是 2022 年在南海深水区建出一个“深海大庆”。

南海蕴藏的石油资源约在 230 亿至 300 亿吨之间，天然气总量约为 16 万亿立方米，占我国油气资源总量的 1/3，南海有潜力成为继墨西哥湾、巴西和西非深水油气勘探开发“金三角”之后，世界上第四大深水油气资源勘探海域。所以这是一片财富之海，也是能给国家带来能源安全的海域。

此外，在石油开采界，一直有一种说法——大型深水装备是“流动的国土”，各型海上钻井平台在南海的勘探与开采，是对我国主权的宣示，对祖国资源的充分开发与利用，同时也是向世界展示我国对南海领土、领海、专属经济区的开发能力与影响力，有着很重要的政治意义。

化工业的“魔法”，改变能源大格局

神奇的工业“魔法”

黑乎乎、固体的煤炭和黏稠的、液体的石油，完全是不同的两种东西，但大家知道吗，煤经过复杂的化学处理，是可以转化为类似石油的东西的，这种由煤做成的油在很多方面的特性都和石油很接近，被称为“煤制油”，这可是堪称工业“魔法”的创举。那么，好好的煤为什么非要转化成石油呢？这还要从煤和石油不同的应用说起。

化工业有一句话是“现代工业的基础是建立在石油工业之上的”，由此可见石油的重要性。石油的作用绝不仅仅是为汽车之类的交通工具提供动力，而是对整个现代工业体系都有决定性的作用：石油可以通过炼油生产各种燃料油（汽油、煤油、柴油等）和润滑油，及液化石油气、石油焦炭、石蜡、沥青等。石油化工产品是通过对炼油过程中产生的原料油进行进一步化学加工，生成乙烯、丙烯、丁二烯、苯、甲苯、二甲苯等重要的基本化工原料。接下来，以基本化工原料生产多种有机化工原料（约 200 种），及各种合成材料（各类塑料、合成纤维、合成橡胶）。另外，天然气、轻汽油、重油作为原料，还可以合成氨、尿素这些化肥和原料，还可以制取硝酸。以以上产品为原料，进一步生产出来的其他产品，更是不计其数。

煤的作用当然也不只是能燃烧取暖，可以制造煤气、提炼煤焦油，当然还能生产本篇的主角——煤制油。

中华人民共和国成立后，石油人经过努力钻研、辛勤劳动，终于让中国甩掉了贫油国的帽子，但我国整体的石油储量和世界主要的产油国相比，还是有差距的。随着经济的发展和石油消耗量不断增大，我们国家需要大量进口国外的石油。而我国是全世界最大的煤炭生产国，已探明的煤炭储量也是世界第一。但可惜的是，生产出来的煤大多数都被烧掉了，不但污染很大，而且很浪费，于是国家把生产煤制油提上了日程，既避免了煤炭的浪费，又缓解了石油的短缺，真的是一举两得！

改善国家能源结构的大工程

2016 年 12 月 28 日，全球单体规模最大的煤制油工程——神华宁夏煤业集团煤制油示范项目建成投产，其庆祝仪式在银川市郊举行，该项目总投资达 550 亿元，是国家级示范性工程。项目建成投产后年产油品 405 万吨，是目前世界上单套投资规模最大、装置最大，拥有中国自主知识产权的煤炭间接液化示范项目。

我们国家的煤炭储量大，但优质的煤相对较少，煤炭当中有大量的硫，燃烧后对空气的污染很严重，还有大量的二氧化硫排放。大量燃烧煤炭必然带来巨大的环境压力，煤炭的清洁化利用已经到了刻不容缓的地步。

其实煤制油的技术已经存在很多年了，外国人早就尝试过，但在我国，由于之前技术相对落后，因此产量相对低、收益差，生产出来的煤制油质量也不好，所以生产规模一直有限。经过科研人员的刻苦钻研，中国的煤制油工艺技术现在比之前有了很大的改进，油品质量更高。如果可以在大城市中推广，那么汽车尾气污染、严重的雾霾都能有较大的改善。经过实验，以煤制油为动力的汽车，其排放的尾气中的各种污染物数量都明显降低。

煤制油示范项目每年能够就地转化煤炭2046万吨。这样既可以扭转煤炭行业产能过剩、盈利能力不断下滑的不利状况，还能缓解对国外石油的依赖。

按照宁夏“一号工程”的蓝图：到2020年，神华宁煤煤化工基地每年将产出油品800万吨、聚烯烃200万吨，总产值将突破800亿元，新增就业岗位10万个；而以煤制油项目为龙头的宁东基地，地区生产总值将达到2000亿元。

煤制油项目一共承担着37项重大技术、装备及材料的国产化任务，国产化比例达到了惊人的98.5%。打破了煤制油化工的核心技术、装备及材料长期被国外垄断的局面，探索出了符合我国国情的科技含量高、附加值高、产业链长的煤炭深加工产业发展模式，以后我们可以挺直脊梁，自豪地说中国的煤制油技术已经走在了世界的前列。

为了实现技术的真正领先，中国化工人付出了巨大的努力。煤化工领域向来被称为工业的“蓝海”，而蓝海说的是技术之海和人才之海。煤制油项目更是急需高端技术和高端人才。宁夏经济相对落后，国内在煤制油技术方面也比较落后，可以说在这里搞煤制油除了煤炭资源充足外，并没有多大的优势。煤制油化工的核心技术、装备及材料，更是被西方国家垄断，神华宁煤集团之前和南非的一家公司商谈技术引进，耗时近十年，但对方对其中的一项关键技术就要价25亿美元。

不服输的中国人不愿接受这样的讹诈，决定走自主创新之路。

神华宁煤集团以海纳百川的胸怀，分别从全国各地招聘高技术人才和管理人才。多年来，依靠一支高素质的攻关团队，陆续完成37项重大技术、装备及材料国产化任务，项目国产化率超过98%，彻底打破了国外的技术垄断，而且保证多项关键指标居于世界领先水平，以实际行动告诉世界，中国人有信心也有能力打破技术垄断。

中国技术的崛起

化工业的“魔法”不但把煤变成了油，也让中国打破了国外技术垄断，更神奇的是引领着一大批国内企业，在与发达国家的制造业巨头的竞争中成功“逆袭”。

苏州安特威阀门公司攻克干煤粉气化技术，并研发出全球首台双盘阀，技术水平和使用寿命远远超过德国的同类产品。

杭州杭氧公司研发的10万空分设备，1小时生产的氧气足以充满14个“水立方”，是当今全球最大的单机容量制氧设备。

神华宁煤集团自主研发的“神宁炉”以各种煤炭为燃料，性能超过了对煤的质量非常挑剔的德国西门子气化炉，为劣质煤的清洁利用和环保技术发展做出了巨大贡献。

宁夏吴忠仪表公司为煤制油气化装置生产的阀门，价格只有国外同类产品的一半，使用寿命却延长了5倍以上，煤制油项目因此节省了10亿元支出。

沈阳鼓风机集团10万空分压缩机组研制成功后，有了与德国西门子产品分庭抗礼的实力，最终迫使对方的报价从每套1.7亿元下调到1.2

亿元。

类似这样的事例，在整个项目的研发过程中还有很多，世界各国日益感受到中国设计与中国制造的崛起，还有中国企业日渐强大的竞争力！

第二节　走向海洋，水底世界的灿烂

“蛟龙”号，开发大海深处的宝藏

蛟龙出深海，探究九渊之下

“蛟龙”号载人潜水器是一艘由中国自行设计、自主集成研制的载人潜水器，也是“863计划”中的一个重大研究专项。在国家海洋局组织安排下，中国大洋协会具体负责“蛟龙”号载人潜水器项目的组织实施，会同中船重工集团公司七〇二所、中科院沈阳自动化所和声学所等约100家中国国内科研机构与企业联合攻关，攻克了深海技术领域的一系列技术难关，耗时6年，终于让“蛟龙”号具备了开展海上试验的技术条件。

“蛟龙”号，长、宽、高分别是8.2米、3.0米与3.4米，空重不超过22吨，最大载荷是240公斤，最快速度为每小时25海里，巡航速度为每小时1海里，当前最大下潜深度为7062.68米，最大工作设计深度为7000米，理论上其工作范围可以覆盖全球99.8%的海洋区域。

“蛟龙”号载人潜水器拥有航行控制、综合显控、导航定位和水面监控系统，全面协调操控整个潜水器的运作。“蛟龙”号配备的水声通信机具有丰富的功能和良好的综合性能，在国际载人深潜器中处于领先地位。

"蛟龙"号的外形犹如张开大嘴的大白鲨，看起来威武霸气，而又不失敏捷，又经过多次试验，不断修改，优中选优，最后才确定了现在的外形，确保它在海底也能同样保持快速、稳定、操纵灵活的特点。"蛟龙"号使用的蓄电池，是我国完全自主研发的大容量蓄电池，能为"蛟龙"号提供超过 10 个小时的动力。

"蛟龙"号的可调压载系统，具有在水下对潜水器实施重量调节能力，保证"蛟龙"号在海底作业过程中始终能够保持平衡。要下深海科考，危险是随时存在的，因此设有先进的生命保障系统和两套氧气供给系统，可提供氧气、水、食品、药品等，可保证 3 位乘员 84 小时内的安全。

"蛟龙"号有 3 个观察窗，足以在深海可怕的水压下保持安全。深海的水压有多大呢？当处于水下 7000 米时，水压相当于一只大象以金鸡独立的方式踩在你的手掌上。观察窗既要保持强度，又要保证良好的透光性，由此可见其难度和先进程度。

要在深海进行科学考察，那么采集深海里的各种东西是必须有的功能，因此装备了两个机械手，机械手上有多个关节，可以伸缩、旋转、摆动，开展灵活作业。

除了这些突出的特点之外，"蛟龙"号还有两大绝活，是绝大多数其他同类深潜器所没有的。第一是自动航行功能，能最大限度减轻驾驶员的负担，在复杂的深海环境当中更安全地行驶，并能随机应变。第二是能够悬停在海中进行可靠作业，不需要像其他深潜器那样必须接触到海底后才能工作，这样就极大拓展了可供研究的海域范围。

“蛟龙”号带回的礼物

介绍了这么多“蛟龙”号的特点，那么它在海底究竟看到了什么，又带回来哪些礼物呢？

“蛟龙”号下潜到深海的过程中，载人舱内看到的“挑战者深渊”北坡4800米的海底世界，有人说那里“如月球一般荒凉”。

这里有无数的海底岩石，看上去非常坚硬，但“蛟龙”号的机械手伸出来轻轻一捏，它们却像豆腐一样脆弱，立即粉碎了。其实这都是

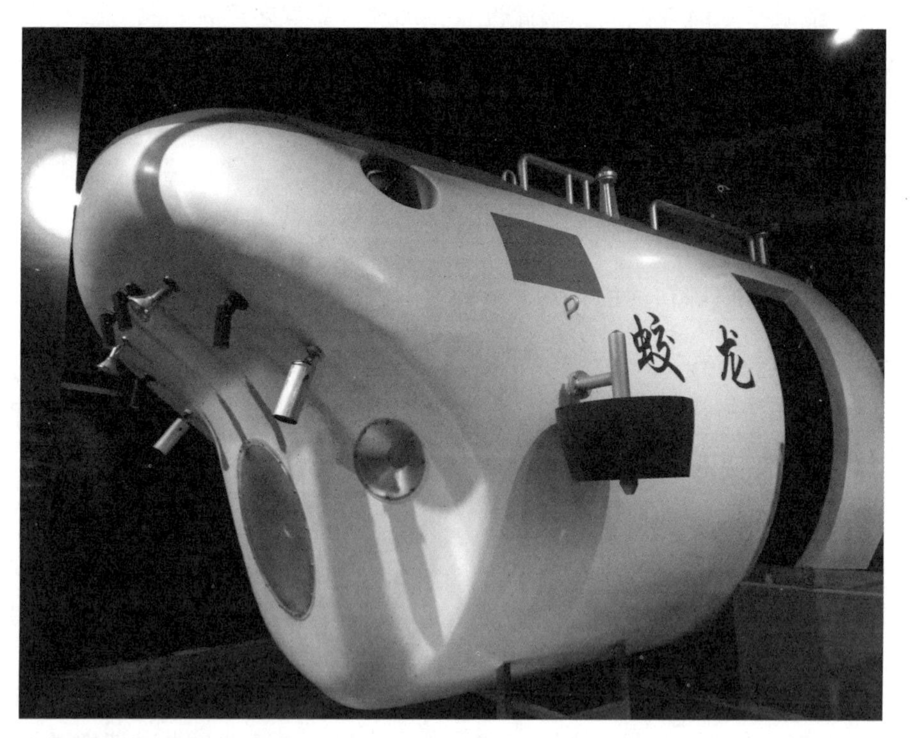

蛟龙号深海潜水器模型。摄于辽宁省科学技术馆

火山喷发后冷却形成的玄武岩，硬度是很高的，但因为在海里浸泡了千万年，又受到巨大的海底压力，所以才这样软。这些岩石有很高的科研价值，是需要采集的对象。

深海的特点总结起来就是高压、低温，而且海面500米以下，就是绝对黑暗的世界，在极深的海底深渊，水压足以将坦克压成铁饼。但就是在这样可怕的环境里，“蛟龙”号依旧发现了多个生物，只是这些生物为了适应深海的严峻环境，都显得奇形怪状的：嘴特别大，牙齿非常尖锐，触觉器官特别发达，身体非常柔软，体内的压力非常高，以便与外界压力保持平衡，常有发光器官或发光组织。这些生物对于了解深海环境和海洋生物很重要，所以它们也是“蛟龙”号的采集对象。

2014—2015年，“蛟龙”号在西北太平洋开展了10次下潜作业，取得各种生物样品116个，富钴结壳样品21块、99.2公斤，多金属结核样品24.32公斤，岩石样品22块、107.7公斤，沉积物样品26管，海水样品共1232升。

2016年4月30日，“蛟龙”号载人潜水器在西北太平洋成功完成科学应用下潜，拍摄了大量海底视频、照片资料，采集砾状结壳57千克、巨型底栖生物样品9个，其中海绵4个、珊瑚和虾各2个、海星1个，靠近海底的水样8升，还开展了潜航学员的海上实艇下潜培训。

相信在未来，“蛟龙”号还会给我们带来更多的惊喜和礼物。

“探索一号”，深海科考通用平台

特殊的生日 Party

一个阳光明媚的早上，大海上风平浪静，让人有些昏昏欲睡，但在大洋上的中国“探索一号”科考船上，大家却仿佛一点都没有感到轻松，到处都是一派繁忙的景象：“天涯”号深潜器正在“探索一号”科考船旁做深潜前的最后准备工作，大家抓紧时间进行最后的调试。这是一个既普通又带有特殊意味的日子，说普通，是因为这只是中国海洋科考人无数个兢兢业业、刻苦钻研的日子之一；说不普通，是因为这是海试现场验收专家组组长丁抗的生日。丁抗并没有因为这个日子而暂停工作，还选择以一种特殊的方式庆祝生日——在 1110 米海试区下潜 10 小时，这也是科考人对载人深潜事业由衷热爱的表达。

说起海洋科考，很多人都会想象一大群人在蓝天碧海下惬意地做着各种试验，还能抓海鲜大饱口福，实在是很幸福的工作。其实海上科考，尤其是深海科考是极为艰辛的事情。潜水器部门的祝普强记不清在甲板上度过了多少个不眠夜。试航员张伟记不清在载人舱内湿透过多少件衣衫。第三次海试时，舱内最高温度达到 35.9℃，第四次海试遭遇较差的海况，潜水器最大横倾角达到 40°。“不吐便是胜利。”他咬紧牙关，继续驾驶操作，成功进行应急浮标的抛载。

深海科考，不但身体要承受这份苦，失利也让海试队员感到极度辛酸。深潜器第一次下潜，也是收获遗憾的过程。王治强是在潜水器浮出水面时“才知道右舷上浮压载未能顺利抛掉”；杨扬遗憾于左舷生物采样箱没关严，“到水面后发现里边的生物全没了”；李保生自责没能仔细协助观察，采样篮意外陷入泥里，潜水器因此被迫提前半个小时抛弃压载上浮。

尽管环境如此艰苦，遇到的困难又如此之多，但中国科考人员从未因此放弃，就像这次特殊的深海生日 Party，既是苦中作乐，又是心中澎湃着激情的外在表现。

向莫测无边的大海发起挑战

“探索一号”原名“海洋石油 299”，是 4500 米载人潜水器母船，也是具备通用深水科考、海洋工程应用能力的科考船舶。“探索一号”的排水量为 6250 吨，船长 94.45 米，主机功率达 1.2 万马力，续航能力大于 1 万海里。

“探索一号”原本是一艘工作船，经过改造，变为载人潜水器及深海科考通用平台，船舶现已搭载综合实验室、机电实验室、地质实验室、地球物理实验室、化学实验室、仪器分析室等计 11 个实验室，并已安装有深海作业绞车系统、测深系统、沉积物采集装置、地震空压机系统，还有门架、吊车等辅助机械，具备开展深海科学考察、试验能力。

“探索一号”经过主船体加长、生活区重建、新设备安装调试等工程后，成为我国当前最先进的科考船之一，并搭载我国自主研发的万米级自主遥控潜水器“海斗”号、深渊着陆器“天涯”号与“海角”号、万米级原位试验系统“原位实验”号、9000 米级深海海底地震仪、7000

米级深海滑翔机等一系列高技术装备。

2016年夏季，在太平洋马里亚纳海沟，“探索一号”科考船的队员们把升降器从后甲板缓缓放入海中。升降器成功沉入海底后，把一块写有中科院的英文缩写——“CAS”的标识布放入挑战者深渊的万米海底之下，这里可是在世界深海科考界赫赫有名的高难度海域。从那一刻起，中国正式成为当今世界极少数具备万米海底科考能力的国家之一。

除了这些有重大意义的象征性事件外，在科考方面，中国海洋科考人更是真抓实干，进行了大量工作：两台海翼7000米级深海滑翔机连续作业共达46天，成为当今世界上唯一一款可以长时间连续稳定工作的深渊级滑翔机；镁海水燃料电池开展了2次万米试验，成为国际上首次在万米深渊开展试验的新型金属海水燃料电池；全海深透明陶瓷视窗高清摄像系统最大工作水深10902米，突破现有的国际纪录……诸如此类的纪录创造，还有很多。

这是“探索一号”的处女航，也是中国首次综合性万米深潜科考活动。本次科考5次叩开了马里亚纳海沟万米级深度的大门。这是我国首次在11000米级海沟成功进行无人深潜与探测，标志着我国的深海科技正式步入万米时代。

“探索一号”持续创造辉煌

“探索一号”征服了万米深海，但绝不意味着中国科考人就此止步不前。2018年8月24日，“探索一号”第三次挺进马里亚纳海沟海域进行科考，历时54天，终于取得了非常棒的成果，创造了3项国际首次和 3 项国内首次的纪录。

1. 国际上首次诱捕获得全程低温保存的 7000 米级 3 条狮子鱼样品和 9000 米级 2 只糠虾样品。

2. 国际上首次在 7012 米水深发现索深鼬鳚属鱼类，这是已知的该属生物存活的最大深度。

3. 国际上首次在同一潜次实现全海深垂直分层水体微生物原位富集与固定取样，最大深度 10890 米。

4. 国内首次获取 10898 米含上覆水未扰动的沉积岩芯。

5. 国内首次获取位于帕里西维拉海盆东部海山链和马里亚纳弧后张裂区的岩石样品，为揭示马里亚纳俯冲带南部构造演化与岩浆作用提供重要依据。

6. 国内首次获取了马里亚纳海沟与雅浦海沟之间关键通道的断面水文数据和水体样品。

这一次的科考过程中，还遭遇了“山竹”强台风的袭扰，但并没有影响研究的正常进行。中国人向世界表明：中国是有实力在深渊研究领域持续开展工作的，并可以引领深渊学科和技术的发展。

气体 + 液体 = 固体，神奇的可燃冰

似冰非冰的可燃冰

可燃冰其实是一种俗称，它的学名是天然气水合物，虽然它是近几年才走入普通人视野的，不过它的发现其实很早。19 世纪初的时

候，英国著名化学家戴维就依靠气体和水合成了一种新物质，当时称为气体水合物，神奇的是这种气体和液体融合的产物居然是固体，看起来像冰。这东西的物理和化学性质都很不稳定，就算在常温常压下，都很容易被还原成气体和水，当时人们觉得这东西虽然神奇，但没什么用处。这种“无用”的东西其实和我们今天要讲的可燃冰是一脉相承的。

那么，生成这种东西的原理是什么呢？在高压低温的条件下，气体分子如果胆敢和水分子混杂在一起，多个水分子就会依靠氢键组合在一起，变成一个“小笼子”，将气体分子关在“笼子”里，无数个“小笼子”集合在一起，就成了晶体，看上去有点像冰。那么这种冰为什么可燃呢？其实就要看笼子里的是什么气体了，如果是甲烷之类能燃烧的气体，这种“冰”当然也就能燃烧。

可燃冰是固体，分子密度是远比气体大的，在有限的体积内，可燃冰蕴藏的甲烷要比普通的天然气多得多，所以这东西其实是个宝贝。

不过，可燃冰在被发现后，很长时间内都没能引起重视，因为人们认为这东西只能人工合成，在自然界是不会天然存在的，因此也就没有实际应用价值。

1965 年，在西西伯利亚的麦索亚哈永久冻土带，人们发现了自然生成的可燃冰，而且是可以堪称矿藏的规模。这样一来，可燃冰的身价马上就非同凡响了，因为它只要稍一加热，马上就是汹涌而来的天然气！可燃冰从此开始成功吸引全世界的眼球。

可燃冰的结构和成分非常复杂，但绝大多数都是甲烷，所以非常容易被点燃，可燃冰近似天然气压缩包，1 立方米的可燃冰分解后可以释放出 164 立方米的甲烷和 0.8 立方米的水。燃烧后只会产生二氧化碳和水，所以被誉为 21 世纪最理想的清洁能源。可燃冰的燃烧时间远长于同体积的固体酒精。

要生成可燃冰，条件是有大量天然气存在的低温、高压环境，所以人们开始在符合这些条件的地区勘探，希望能找到大的可燃冰矿。后来，苏联和美国先后在北极圈附近的永久冻土地带发现了可燃冰矿。同时，人们觉得海洋里也有更多的低温高压区域，那么海里也有可能存在大量可燃冰，于是，人们开始在海洋里进行勘探。随后，美、苏两国也先后在海洋里发现了大量可燃冰。接着，日本、德国、加拿大等很多国家都陆续发现了可燃冰。中国也在青藏高原和南海发现了大量可燃冰。

可燃冰越找越多，但开采可燃冰目前是世界难题。石油和天然气固然难采，但它们是液体、气体，容易流动，开采相对容易。可燃冰却是固体，你得先让它变成气体，还要保证分解可控，气体不泄漏。可燃冰很容易分解，但控制其分解的规模和速度却很难，其中包含的大量甲烷又是能导致超强温室效应的气体，如果大量泄漏，会对环境有害，怎样安全地开采可燃冰（尤其是海底的可燃冰），同时降低开采成本，在这两点上，各国都很为难。

2017 年 5 月 4 日，日本宣布实现了世界第一次海底可燃冰技术开采，并获得了成功，但日本的这次开采更多的是实验性质，而且开采量很小，开采持续的时间也很短，不具备实际应用价值。

过了不到半个月，5 月 18 日，中国也宣布在南海北部海域试采可燃冰成功，并且是世界首次实现泥质粉砂型天然气水合物安全可控开采，持续 8 天，平均日产天然气 1.6 万立方米，达到国际“7 天、1 万立方米”的试采成功标准，并做到了开采活动安全而持久。中国的可燃冰开采技术已经做到了世界领先。

开采神器——“蓝鲸 1 号”

中国海域内的可燃冰分布广、类型多、资源量大，可用于工业、化工和发电等领域，是我们国家在未来非常重要的资源。海底可燃冰的分布范围要比陆地大很多，据专家估算，可燃冰分布的陆海比例为 1 ∶ 100，谁先开发出海底可燃冰的开采技术，谁就占得了先机。为此，我们国家研制了“蓝鲸 1 号”半潜式钻井平台。

“蓝鲸 1 号”平台是当今全球作业水深、钻井深度最大的半潜式钻井平台，平台长 117 米、宽 92.7 米、高 118 米，最大作业水深 3658 米，最大钻井深度 15240 米，还配置了高效的全球领先的闭环动力系统，可提升 30% 作业效率，节省 10% 的燃料消耗。

“蓝鲸 1 号”重达 4.2 万吨，拥有 27354 台设备，4 万多根管路，5 万多个 MCC 报验点，电缆拉放长度 120 万米。甲板面积相当于一个标准的足球场，从船底到顶端有 37 层楼那么高。如此复杂的庞然大物还能够在海上高速航行，可以钻到深海开采能源，实在是让人叹为观止。

“蓝鲸 1 号”不但身躯庞大，足以探索深海海底，本身也极为坚固，2017 年夏天，在南海试采可燃冰期间，它遇到了极为猛烈的海上风暴，最大风力达 12 级。但面对如此强劲的风暴，“蓝鲸 1 号”任凭风吹雨打，岿然不动，顺利完成了任务。

有了“蓝鲸 1 号”的成功，各方面性能都更加先进的“蓝鲸 2 号”

也已经于2018年9月27日首航。相信在今后，它们会给我们带来更多的惊喜。

海陆并进的可燃冰开采

和海底相比，陆地上的可燃冰虽然相对较少，而且都是在海拔很高、极度寒冷的地带，但也是不能放弃的重要资源，陆地上的可燃冰虽然没有深海的阻隔，但极度寒冷的环境、高原缺氧的困境都严重阻碍了人们进取的步伐。

之前，可燃冰的陆地钻探取样技术都是被西方国家垄断的，经过十几年的钻研，吉林大学科研团队研发出陆域可燃冰冷钻热采关键技术，打破了国外垄断，技术总体达到了国际先进水平。这些技术解决了高海拔和严寒地区施工等多项技术难题，成功研发了国内外首创的具有自主知识产权的可燃冰冷钻热采关键技术。

相信在未来，我们国家的可燃冰研究和开采能够海陆并进、不断进步，早日实现可燃冰的大规模实际应用。

第四章 4

雄伟工程：纵横南北，天堑通途

第一节　桥梁隧道，穿山越岭

争气之桥，武汉与南京长江大桥

火车坐轮船，无奈的独特风景

20 世纪初，中国先后建造了沪宁铁路和津浦铁路，两条铁路一南一北，隔长江相望。但因为长江上始终都没能建成铁路桥，所以这两条铁路无法连接在一起，只好望江兴叹。在北京与江南之间往来的旅客抵达长江边，必须下车乘渡船过江，再上另一线路的火车。而在号称九省通衢的武汉也存在同样的问题。费时费力，加上那时火车的速度很慢，饱受旅途鞍马劳顿之苦的旅客还要换乘轮船，真是苦不堪言。

国民政府当时曾经有建桥的打算，还为此专门派专家去国外考察，但是因为工程艰巨、费用过大而最终作罢。但是总让旅客下车坐轮船过江确实很麻烦，于是很快，采用轮船摆渡火车的方式就开始提上日程了。

1930 年 10 月 9 日，国民政府经过多次讨论，最后选定了“活动引桥”方案。“活动引桥”是依据历年长江两岸水位涨落差记录为 14.872 米设计的，两岸引桥采用活动式结构，可以随着水位高低进行升降调节，南北两岸各设有 1 座引桥，中间以轮渡运送火车。同年 12 月 1 日，工程开工。1933 年 9 月竣工。

由于当时旧中国工业基础薄弱，火车轮渡工程设计方案和机械都是从英国引进的，唯一的渡轮“长江”号也是由英国制造，载重 1200 吨。

1933 年 10 月 22 日，火车轮渡正式通车，当时万人空巷，都来观看火车轮渡这一“西洋景”，典礼非常隆重。

庆典过后，“长江”号载着一列火车横渡长江，沪宁线与津浦线两大铁路从此以这样奇特的方式连接起来。

火车轮渡的工作原理其实很简单：渡轮上铺设有铁轨，通过栈桥和岸上的铁路相连接。栈桥会随着水位的高低进行升降，保证与岸上铁路保持水平，渡轮靠岸后与栈桥上的轨道对接，火车就此驶上渡轮，等火车都上船后，渡轮起航将火车拉到对岸。

这一番操作虽然比旅客下车换乘渡轮要快，但依旧极为耗时，运送一列火车就需要 2 个多小时。此外，铁路轮渡还要求“夜间不渡，大雾不渡，涨潮不渡，台风不渡”，效率还是非常低下的。如果交通繁忙，还可能出现多列火车长期等待的情况。

尽管如此，火车轮渡还是把我国当时的铁路网连成一体，北方的大豆、煤炭等产品可直运南方；上海的工业品也能相对快速地运到西北、华北等地区。

在当时，乘坐火车过长江，经上海，往北平的旅行，成为非常时尚的做法，很多富家青年男女新婚都会选择乘坐“沪平直快”进行蜜月旅行。

虽然长江渡轮勉强解决了南北运输的问题，但其实也是极度无奈的选择，积贫积弱的旧中国无力承担修建长江大桥所需的技术和花销，只能以这种方式来暂时解决问题，是无奈，也是一个时代的悲哀。不过伟大的中国人民不会让无奈持续下去，遗憾终会有得到弥补的那一天。

一桥飞架南北，天堑变通途

自古以来，长江都被认为是隔绝南北的天堑。虽然滋养了无数的田地，哺育了华夏儿女，但也给交通发展带来了诸多不便。但长江并非无法跨越，就像一个著名的历史故事说的那样：公元 588 年，隋朝为了统一中国，派出大军南下，要灭掉在长江中下游的陈国。有人来禀报此事，陈国大臣孔范却说："长江天堑，古以为限，隔断南北，今日隋军，岂能飞渡？"结果不久后，陈国就被灭掉了。由此可见，只要人们下定决心、排除万难，天堑一样可以跨越。

在民国时期，为了贯通南北，先后修建了京汉铁路、粤汉铁路、沪宁铁路和津浦铁路等，但到了长江边，都因为无力造桥而中断，所以武汉、南京等地都有过使用火车渡轮的时期。1949 年以前，火车轮渡运力是每日 20 渡，中华人民共和国成立后，人民政府将运力提高，到了 1958 年，每日 100 渡依然满足不了客观需求，铁路运量大增，轮渡的渡运能力已趋饱和，"天堑"长江成为新中国铁路发展的瓶颈。因此在武汉、南京等地修建长江大桥，已经成为迫在眉睫的任务。

武汉位于中国腹地、长江中游，汉水由此汇入长江，地理位置极为重要，号称九省通衢。

在武汉建第一座长江大桥的设想，早在清末时湖广总督张之洞就已提出了，用来连通南北铁路。1913 年，中国著名铁路工程师詹天佑首次为武汉长江大桥进行修建规划。但在民国时期，该规划始终没能实施。

直到 1955 年 9 月 1 日，经国务院批准后，武汉长江大桥正式动工。武汉长江大桥全部工程除了大桥本身以外，还包含大量配套工程，包括汉水铁路桥、大桥联络线、汉口迂回线（今京广铁路正线）、江岸站至江岸西站的联络线等设施，这是一个非常庞大而系统的建设工程。

武汉长江大桥是公路铁路两用桥，上层为公路，双向四车道，两侧设有人行道；下层为复线铁路。全桥总长 1670 米，其中正桥 1156 米，西北岸引桥 303 米，东南岸引桥 211 米。从基底至公路桥面高 80 米，下层为双线铁路桥，宽 14.5 米，两列火车可同时对开。上层为公路桥，宽 22.5 米，其中车行道 18 米，设 4 车道；车行道两边的人行道各 2.25 米。桥身为三联连续桥梁，每联 3 孔，共 8 墩 9 孔。每孔跨度为 128 米，为巨轮终年航行畅通无阻起到巨大的作用。

这座大桥不但集合了当时的各种顶级技术，还富有中国特色和文化气息，正桥的两端建有具有民族风格的桥头堡，美观大方，共 7 层，桥头堡内有电梯和扶梯供行人上下。正桥人行道外缘，建有装饰以各种飞禽走兽的齐胸栏杆，内容多取材于中国的民间传说、神话故事等，有孔雀开屏、鲤鱼戏莲、喜鹊闹梅、玉兔金桂、丹凤朝阳等，向世界人民展现着中国文化。

武汉长江大桥，是古往今来人们在“天堑”长江上修建的第一座大桥，也是中国第一座复线铁路、公路两用桥，建成之后，成为连接中国南北的交通大动脉，对促进南北经济的发展起到了重要的作用。

到现在，武汉长江大桥已经建成超过 60 年，历经 7 次较大洪水、77 次轮船撞击考验。但全桥始终无明显变形下沉，现在依然可抗 8.0 级以下地震和强力冲撞，24805 吨钢梁、8 个桥墩无一裂纹，无弯曲变形，百万颗铆钉未出现松动，预计通过科学养护，大桥的使用寿命或可延长到 150 年。

作为“争气桥”的南京长江大桥

1956 年，武汉长江大桥还在建设中时，国家就已经做出了在南京建设长江大桥、贯通京沪铁路线的决定。

南京长江大桥是铁路公路两用的特大桥，铁路桥全长 6772 米，公路桥全长 4589 米，桥下可通行万吨轮船。南京长江大桥是继武汉长江大桥、重庆白沙陀长江大桥之后第三座跨越长江的大桥，也是三座大桥中最大的一座。大桥铁路桥将津浦、沪宁两条关键铁路线正式贯通，从北京可直达上海，自此京沪铁路再无惧长江阻拦。其中江面上的正桥长 1577 米，其余为引桥，是中国桥梁之最。

南京长江大桥的竣工，使火车过江时间由过去靠轮渡的 2 小时缩短为 2 分钟，它迅速成为中国南北交通的命脉之一，在华东更具有举足轻重的地位，创造的直接经济效益超过 60 亿元。

南京长江大桥是中华人民共和国第一座依靠自己的力量设计施工，并最终建成的铁路、公路两用桥；是中国自行设计、自行建造的，当时国内最大的铁路、公路两用桥。它的建成通车，成为沟通南北的交通大动脉，标志着我国的桥梁建设达到世界先进水平。它的建成开创了中国自力更生建设大型桥梁的新纪元，被看作是“自力更生的典范”

和“社会主义建设的伟大成就”，人们将其称为“争气桥”。

杭州湾跨海大桥，长桥卧波

另一座大桥的故事

在浙江省风景如画的杭州市的东边，有一个喇叭形的海湾，就是著名的杭州湾，钱塘江从这里入海，因为这里特殊的地形，每年都会出现一次无比壮观的钱塘江大潮，天下闻名，每年都有很多游客不远千里来观看这一奇景。海潮到来之前，远处先出现一个细小的白点，转眼间变为一缕银线，并伴随着阵阵闷雷般的潮水声，白线翻滚而至。几乎不给人们任何反应的时间，汹涌澎湃的潮水已呼啸而来，潮峰高达3—5米，后浪赶前浪，层层相叠，有排山倒海之势。因为大潮极为壮观，因此从汉魏时代至今，历经2000余年，几乎每年都有数以十万计的游客来到现场观赏大潮。

大潮是如此壮观，但有排山倒海之力的潮水足以摧毁江上的一切事物，所以自古以来，钱塘江上靠近海湾处始终没能建成任何桥梁。到了近代，外国的很多优秀桥梁设计师也曾下定决心要在这里建起桥梁，化不可能为可能，但当他们实地考察后，见识到了钱塘潮的可怕力量，都无一例外地放弃了，并斩钉截铁地说：“钱塘江上是无法建桥的!”

但一位伟大的中国桥梁设计师站了出来，提出建设钱塘江大桥是可行的，他就是当代桥梁专家茅以升博士。为了完成建桥重任，茅以升毅然辞去北洋大学教授的职位，来到杭州，经过奔走游说，终于让国民政府接受了自己的方案。

1934 年 11 月 11 日，钱塘江大桥开工兴建。当时，日本帝国主义侵略者已经彻底占领了我国东北地区，对华北地区也在不断蚕食，亡我中华之心昭然若揭。茅以升此时建桥，不只是为了振兴经济，也是为了有朝一日能让这座大桥为抗日做出贡献。

该桥首次采用气压法沉箱掘泥打桩的方式建设，历时 3 年多，终于在 1937 年 9 月 26 日建成通车，打破了外国专家认为此处不可能建桥的预言。而此时，抗战已经全面爆发，这座桥建成后，大量物资通过它被运送到淞沪前线，支援中国军队抗击侵略者。但好景不长，随着淞沪会战的失败，日军已经逼近杭州，国民政府要求茅以升炸断建成不足 3 个月的大桥，决不能让它落入日军手中！

茅以升虽然心疼，但也明白民族大义，他在沉默许久后，在 14 号桥墩处做了标记，因为只要炸断了这里，这座大桥就极难修复。其实，茅以升早就料到会有这么一天，因此在建造 14 号桥墩时，就命人事先预留好了炸药的埋置点——这是在那个国家积贫积弱的时代逼不得已的抉择！

1937 年 12 月 23 日，茅以升在已经能隐约看到日军的先锋部队时，才引爆了炸药。爆破是成功的，日寇此后数次尝试修复大桥，都以失败告终。直到中华人民共和国成立后的 1953 年，茅以升才再次将大桥修复通车，而这次有强大的祖国做后盾，再也不需要埋设炸药了。

有了它，不是八仙也能过海

进入21世纪后，昔日曾经创造了辉煌，走过半个多世纪历程的钱塘江大桥依旧生龙活虎，继续发挥着巨大的作用。但随着经济的发展和技术的进步，只是跨江造桥早已不能满足人们的需要，人们还需要更便捷的交通运输与客运方式，于是跨海造桥的伟大设想就提上了实施的日程，杭州湾跨海大桥因此得以化为现实。

杭州湾跨海大桥北起浙江省嘉兴市海盐郑家埭，南至宁波市慈溪水路湾，全长36千米。杭州湾跨海大桥是继上海浦东东海大桥之后，中国在改革开放后建设的第二座跨海跨江大桥。现在是继港珠澳大桥、美国庞恰特雷恩湖桥和中国青岛胶州湾大桥之后，世界第四长的跨海大桥。这座跨海大桥有什么突出的特色呢？

美丽壮观而富于实用性的设计：杭州湾跨海大桥于2003年11月开工，2007年6月贯通，2008年5月1日通车。大桥在设计中首次引入了景观设计的概念，吸收了浙江、上海、江苏的吴越文化理念。在桥型上，景观设计师们参考西湖苏堤的美学理念，兼顾杭州湾复杂的水文环境特点，结合行车时司机和乘客的心理因素，确定了大桥总体布置原则，集交通、观光于一体。“长桥卧波”被确定为宁波杭州湾大桥的最终桥型。根据设计方案，大桥在海面上有4个转折点，从空中鸟瞰，平面上呈“S”形蜿蜒跨越杭州湾，线形优美，生动活泼。从立面上看，大桥也并不是一条水平线，而是上下起伏，在南北航道的通航孔桥处各呈一拱形，使大桥具有了起伏跌宕的立面形状。

杭州湾是当今全世界三大强潮海湾之一，台风、大型龙卷风，还有闻名天下的钱塘潮，每年都会在这里出现，造桥难度极大，“长桥卧波”的设计也是出于大桥安全性的考虑，大桥专门为钱塘大潮及过往海轮留了通道。整座 36 千米的长桥有两处宽 448 米及 318 米的桥下通道。桥下净空高、流速急，北通道为 3.5 万吨海轮留下了航道，南通道为 3 万吨以下海轮留出了航道。这两条航道上端建有钻石形双塔及 A 形单塔两座桥塔，成为“长桥卧波”桥型中两处跌宕起伏的高潮路段，钱塘潮可以从这里自然通过。

距大桥南岸 14 千米处，建有一个壮观美妙的海中平台。这个平台有双重作用，第一是在施工时，作为南北接点，方便物流转运。第二是等到施工结束，平台就能成为集救援、观光、休闲于一体的桥中转运站。这个平台足有 2 个标准足球场的面积，平台上还修建了瞭望塔，天气晴好时，可以一窥大桥周边景色的全貌。

这座大桥工程创 6 项世界或国内之最，用钢量相当于 7 个“鸟巢”，混凝土用量相当于 10 个国家大剧院，可以抵抗 12 级以上台风的侵袭。大桥的护栏为彩虹 7 色，每种颜色覆盖 5 千米的长度，自慈溪到嘉兴海盐分别为红、橙、黄、绿、青、蓝、紫，极为美观，犹如一道长虹跨越了杭州湾海域。

大桥的六项之最

杭州湾跨海大桥全长 36 千米，建成时是全世界第一长桥，目前是世界第四长桥。

杭州湾跨海大桥地处强腐蚀海洋环境，为确保大桥寿命，我国首次提出设计使用寿命大于等于 100 年的耐久性要求。

杭州湾跨海大桥50米箱梁。“梁上运架设”技术，架设运输重量从900吨提高到1430吨，刷新了当时世界上同类技术、同类地形地貌桥梁建设“梁上运架设”的新纪录。

杭州湾跨海大桥深海区上部结构采用70米预应力砼箱梁整体预制和海上运架技术，为解决大型砼箱梁早期开裂的工程难题，开创性地提出并实施了“二次张拉技术”，彻底解决了这一工程“顽疾”。

杭州湾跨海大桥钢管桩的最大直径1.6米，单桩最大长度89米，最大重量74吨，为世界大直径超长整桩螺旋桥梁钢管桩之最。

杭州湾跨海大桥南岸10千米滩涂底下蕴藏着大量的浅层沼气，对施工安全构成严重威胁。在滩涂区的钻孔灌注桩施工中，开创性地采用有控制放气的安全施工工艺，其施工工艺为世界同类地理条件工程之最。

港珠澳大桥，三地融合之桥

一桥漫游港珠澳

暑假将至，王小明一家人终于有了集体出游的机会。王小明从小就特别喜欢到处游历，祖国的各处风景名胜，国外的秀丽景色，都让他流连忘返。而这一次，他和家人准备去祖国的东南部，感受一下珠海、香港、澳门的壮丽景色与风土人文。在出发前，他早就做好了功课：祖国的伟大工程——港珠澳大桥已经建成通车，这座被称为“桥梁界的珠穆朗玛峰”的大桥，将让自己有最好的三地旅行体验，想想在电视上看到的灯火通明、一望无际的大桥，小明心中就充满了期待。

小明一家在北京西站坐上新开通不久的直通香港九龙的高铁，只用了9个小时就来到了香港。抵港后，首先畅玩了著名的迪斯尼乐园，戴上米老鼠的帽子，去睡美人安眠的城堡前拍照，跟着盛大的表演队伍尽情狂欢。需要浪漫时，可以抱着小熊维尼跳着团转舞；要想寻找刺激，就去飞越太空山；走不动了，那就坐上蒸汽小火车绕上一个圈吧！

结束了白天的游览，晚上，小明一家直奔庙街。庙街，是香港非常特别的一个地方。在这里，你能够看到香港繁华背后的另一面，换而言之，这里是最能体现地道的香港情怀的地方。《新不了情》《食神》等一大批经典影视剧都在这里拍摄。庙街故事，更是为无数港片提供了创作素材。到了晚上，这里会有无数地摊出现，有卖小商品的，有占卜算命的，有卖药的，还有各类江湖卖艺人士，热闹非凡。比电影中的庙街故事更精彩的桥段，每天都会在这里上演。

香港的夜景堪称是世界级的，观看香港夜景最棒的地方就是太平山顶，那是香港的制高点。站在山顶，足以俯瞰整个香港市区，还有灯光掩映下的维多利亚港湾。山顶上设有好几个观景台。夜晚，站在最佳的观景处，拿出相机拍出的璀璨夜景，让小明一家惊叹。就在这山顶，远方灯火通明、宛若长龙蜿蜒向远方的港珠澳大桥，已经尽收眼底，是难以想象的壮观景象。

第二天一早，小明一家去了香港有名的翠华餐厅，品尝了菠萝油面包、鱼蛋和咖喱。之后，坐上大巴准备上港珠澳大桥，赶往珠海。当大巴来到大屿山后，小明望着蜿蜒的跨海公路桥，惊讶得说不出话来。最神奇的是，从香港去往珠海，还要通过海底隧道，在海底转一转。短短的45分钟后，小明一家就抵达了珠海。按照计划，先去珠海的长隆海洋王国。这里是全球最大的海洋主题乐园，拥有全球轨道最长的过山车，拥有世界最大的海洋馆，里面养着多达1.5万条的各种珍稀鱼类。小明在水下长廊内观赏着无数五彩斑斓的鱼类怡然自得地游来游去。

当然小明一家不会放弃东澳岛，感受了那里著名的“钻石沙滩”，光着脚丫踩在沙滩上，仿佛被按摩一般，小明爸爸还享受了冲浪、潜水！他们还在海滨公园游览了一番，驻足观赏了珠海渔女雕像后，再次上了港珠澳大桥。这一次，主要是在海上的桥面飞驰，柔和的海风吹来，望着远处与海天相接的大桥，小明身心皆醉。

来到了澳门，那充满葡式风情的街道，傲然耸立的大三巴牌坊，街边小吃铺与西餐厅里飘香的蛋挞、诱人的葡式鸡饭、大个儿的猪扒包、地道的杏仁饼、甜腻的老婆饼，都让小明高兴得忘乎所以。最后小明漫游了威尼斯人度假村，感受了满满的意大利风情，才登上了返程的大巴，依依不舍。

大巴驶上港珠澳大桥之时，正是华灯初上时分，望着灯火辉煌、蜿蜒曲折的大桥，小明由衷地感叹祖国如今的繁荣与美好：“我一定还会再来玩一次的！”

运输工程领域的“珠穆朗玛峰”

港珠澳大桥，是当今世界上最长的跨海大桥，也是我国桥梁建设史上里程最长、投资最多、施工难度最大的跨海桥梁项目。该桥连接香港大屿山、澳门半岛和广东省珠海市，全长为49.968千米，主体工程“海中桥隧”长达35.578千米。

港珠澳大桥是跨越珠江口伶仃洋海域，以公路桥的形式连接香港、珠海及澳门的大型跨海通道。其起点是在香港国际机场附近的香港港口人工岛，将珠海和澳门人工岛屿向西连接，终点在珠海红湾。桥梁和隧道的总长度为55千米，其中主桥为29.6千米、香港口岸至珠海——澳大利亚港口41.6千米。桥面是一条双向六车道高速公路，设计车速为每小时100千米，项目总投资1269亿元。

称这座桥是“珠穆朗玛峰”，没有丝毫夸张。“超级工程”背后是有着“超级创新”的。港珠澳大桥建设难度极大，新材料、新工艺、新设备、新技术层出不穷，仅专利就达400项之多，在多个领域填补了国内乃至世界的空白，于2009年12月15日动工建设，到2018年9月28日进行粤港澳三地联合试运，穷尽十年之功，才终于造出了世界上最难、最长、最深的海底公路沉管隧道，并创造了世界最大规模钢桥段建造、世界最长海底隧道的生产浮运安装、两大人工岛的快速成岛等多项世界技术纪录。

港珠澳大桥首次实现了珠海、澳门与香港的陆路连接。通车后，驾车从香港到珠海、澳门的行程，从3个小时缩短到45分钟，极大地提升了珠江三角洲地区的综合竞争力，对打造粤港澳大湾区，保持港澳的长期繁荣稳定具有极为重要的战略意义。

港珠澳大桥的世界之最

最长，是港珠澳大桥拥有全长5664米的海底隧道，由33节钢筋混凝土结构的沉管对接而成，铸成世界上最长的海底沉管隧道。

最大，是沉管隧道浮在水中时每一节的排水量达到约 7.5 万吨，而这比很多航母的满载排水量还要大。

最重，是沉管预制消耗的钢筋量达 7.5 万吨，相当于一座埃菲尔铁塔。在这沉管的下方，是预先安装好的 256 个液压千斤顶。

最精心，是花费达 3000 万元，做精细化、小区域的海洋环境预报，每天坚持监测预报，只是为每个沉管找准两三天的作业时间。因为海上的气候条件，在极大程度上决定沉管浮运和对接的成败。

最精细，是铺设在海底的“石褥子”，其平整度误差必须控制在 4 厘米以内。在沉管隧道安装前，要在挖好的基槽中打好碎石基床基础，即在 40 米深的海底，铺设一条 42 米宽、30 厘米厚平坦的“石褥子”。

最精准，是沉管在海平面以下 13 米至 44 米不等的水深处进行无人对接。对接在环境复杂的海底进行，受多种环境因素影响，对接 33 次，耗时 3 年。沉管连接处橡胶止水带的使用寿命要达到 120 年，对接误差控制在 2 厘米以内。

第二节 铁路纵横，交通强国

青藏铁路，盘踞高峰的铁龙

那是一条神奇的天路

“那是一条神奇的天路，带我们走进人间天堂。”这是歌曲《天路》当中的一句歌词，也是对通往西藏拉萨的青藏铁路的真实写照，这的确是一条极为神奇的天路，有着让我们领略人间天堂般的高原美景的能力，当我们坐在列车当中，疾驰在高原上时，真有肋生双翅飞跃白云之巅的感觉。

王远是一位奔赴西藏支教的青年教师，在青海西宁坐上了火车去拉萨，在途中就已然被雪域高原的壮美所深深震撼，望着车窗外的壮丽风景，仿佛已置身人间天堂。

王远早就听人们说走在西藏的路上，犹如身处地狱，眼睛却在天堂。不过你如果坐上火车，那就只剩下眼睛在天堂了。

澄净的湖面平静而又壮阔，成群的牦牛在湖边悠闲地吃草，火车从旁边呼啸而过，它们甚至都懒得抬头看上一眼。西藏被称为工业时代最后的净土，这里的湖确实很干净。

因为地处世界屋脊，西藏一年无四季，一天却有四季。就算是已经进入夏季的六月，依然会经常遇到鹅毛大雪。而成群的野毛驴，就在这寒风暴雪中低头吃草，任由火车从身边驶过。西藏是中国仅有的在公路和火车上，就可以看到真正的大批大型野生动物的地区。王远还看到了大批藏羚羊正在迁徙，这些跃动着的高原精灵，让人们感受到了大自然的无穷魅力。

因为高原缺氧，气候又极为恶劣，所以西藏的很多地方还保持着最原始的风貌。有时，天空雪花初飘，地面却依旧冒着热气，西藏是一个地热资源非常丰富的地区，也是中国优质温泉分布最集中的地区之一。

当列车驶过潺潺流过的小河时，远处的山峦在雾气的笼罩中若隐若现，这有如梦幻的场景，感觉只有在梦中才会出现。

王远闭上双眼，头脑中如走马灯般将西藏的种种景色回放一遍，不由感叹这样神奇的天路，一辈子走一次是绝对不够的，而且每一次都能够有新的发现、新的体验。他决心扎根这世界高原，为这里的孩子讲述更多外面大千世界的故事。

铁路建设史上的丰碑

青藏高原因为地形的影响，自古以来就交通闭塞，物流不畅，以历史上著名的文成公主进藏为例，一行人从长安出发，用了半年多的时间才抵达拉萨。因此，高原人只能采取长期固守自给自足的庄园经济来满足自己的需要，严重阻碍了经济的发展。直至 1949 年，整个西藏只有不足 2 千米的便道可以行驶汽车，水上交通只能依靠溜索桥、牛皮船和独木舟。美国旅行家保罗・索鲁在《游历中国》一书中写道：

“有昆仑山脉在，铁路就永远到不了拉萨。”20 世纪 50 年代，中央决策要把铁路修到拉萨。

此后，青藏铁路经过几十年的努力终于峻工。青藏铁路北起青海省西宁市，南至西藏自治区拉萨市，全长 1956 千米，其中西格段铁路总长 814 千米，20 世纪 50 年代开始准备建设，1979 年铺轨，1984 年运营；格拉段铁路长 1142 千米（新建线长 1110 千米）由于存在着千里冻土、高寒缺氧、生态脆弱三大世界级难题而被迫长期停建，后来最终克服难题，于 2001 年 6 月开工，2006 年 7 月 1 日建成并通车运营。2014 年 8 月 16 日，青藏铁路延伸线拉日铁路全线开通运营。2016 年 9 月 12 日，青藏铁路无缝钢轨换铺工程完成。

这条世界上海拔最高的铁路被称为“天路”。搭乘天路的列车，不仅较飞机便宜，白天还途经景色绝美的地方，可以欣赏大好风光；尤其是对于从低海拔地区进入高海拔地区的游客，身体可逐渐适应，把出现高原反应的可能降到最小。同时还可以有效地拉动青海和西藏的经济，还能更好地保卫西藏的边境。

青藏铁路是世界上海拔最高、在冻土上里程最长的高原铁路，是中国新世纪四大工程之一，2013 年 9 月入选“全球百年工程”，是世界铁路建设史上的一座丰碑。

但这座丰碑的建成却是凝结了无数人毕生的心血，冰峰、雪山、风暴、强烈的紫外线和严重缺氧，是青藏公路的重要特点。特别是格尔木至拉萨段的铁路，海拔都在 4000 米至 5231 米之间，要翻越昆仑山、风火山、唐古拉山、念青唐古拉山等大山脉，穿过 630 多千米生态环境极为恶劣、地质条件极端复杂的高原多年冻土区。而要在高原多年冻土之上铺筑沥青路面，俄罗斯、美国、加拿大曾经做出多次尝试，都以失败告终，而青藏铁路的海拔更高、自然环境更恶劣，中国人能成功吗？

上青藏高原别说搞科研，能够定居下来，就足以称为英雄好汉。刚上高原，科研组近一半的成员都感到头痛欲裂、气喘吁吁、四肢瘫软，有的人勉强吃上几口饭，又带着黄水呕了出来。

有时风力达到十一二级，而且夹着雪和冰雹，20 米以外看不见人，但为了取得第一手科研资料，观测人员仍要蹒跚于连绵起伏的青藏高原，冒着生命危险，记录着数据的变化。

恶劣的环境让许多人都留下了后遗症，如心脏病、雪盲症、关节炎等高原病非常普遍。历经 30 多年的研究，中国科研人员终于成功解决了在高原冻土带修建公路与铁路的世界级难题。

在修建铁路的同时，国家也没有忘记生态保护和可持续性发展，位于青海省境内的可可西里国家级自然保护区，平均海拔 4500 米，是国家一级保护动物藏羚羊的主要栖息地，每年 6 至 7 月份藏羚羊都要前往气候凉爽、水草丰美的卓乃湖、太阳湖一带集体产羔，8 月份开始携崽回迁。为了藏羚羊能够顺利回迁，青藏铁路建设总指挥部还为此专门停工，并安排员工监督保护藏羚羊的迁徙，在铁路的相关路段，还专门为方便藏羚羊今后的迁徙修建了大量设施，因此，青藏铁路不但是经济发展之路、祖国复兴之路，也是生态保护之路、可持续性发展之路。

青藏铁路的世界之最

1. 青藏铁路是世界海拔最高的高原铁路：铁路穿越海拔 4000 米以上地段达 960 千米，最高点为海拔 5072 米。

2. 青藏铁路也是世界最长的高原铁路：青藏铁路格尔木至拉萨段，穿越戈壁荒漠、沼泽湿地和雪山草原，全线总里程达 1142 千米。

3. 青藏铁路还是世界上穿越冻土里程最长的高原铁路：铁路穿越多年连续冻土里程达 550 千米。

4. 海拔 5068 米的唐古拉山车站，是世界海拔最高的铁路车站。

5. 海拔 4905 米的风火山隧道，是世界海拔最高的冻土隧道。

6. 全长 1686 米的昆仑山隧道，是世界最长的高原冻土隧道。

7. 海拔 4704 米的安多铺架基地，是世界海拔最高的铺架基地。

8. 全长 11.7 千米的清水河特大桥，是世界最长的高原冻土铁路桥。

9. 建成后的青藏铁路冻土地段时速将达到 100 千米，非冻土地段达到 120 千米，这是火车在世界高原冻土铁路上的最高时速。

“复兴号”，一路奔腾着的中国梦

让华夏大地“变小”的高铁

王明远是一位在外地求学，后来又在外省工作的游子，到了每年天寒地冻的冬季，总是会踏上归家的旅途，毕竟回家过年是每个中国人共同的心愿。列车缓缓靠站，上了车，终于可以与寒意逼人的世界暂别，归家的旅途总是显得分外漫长，望着窗外倏忽而逝的丘陵、田野、村庄，他忽然想起多年前的夜晚，突然接到外婆病重的消息，于是匆忙从福建返乡。慢悠悠的绿皮车一路向南绕过武夷山，再折向北，拥挤的车厢仿佛要让人窒息，心急如焚的自己感觉这车永远开不到尽头。等到目的地时，已是第二天中午。相比今日，同样是寒冷的旅程，同样是匆匆的旅客，却是截然不同的心情吧。

高铁只用不足 2 个小时，就从德兴赶到宜春，剩下不足 100 千米的旅程，则要依靠汽车和公路。坐在车上，望着外面的盘山道，还有更远处高低起伏的松林，总让人心头有一点点暖意。公路是去年底才修好的，后来又倒了一趟车，当他看到父亲时，已经是黄昏时分。

时隔近一年，再次见到父亲，父亲略多了一点沧桑感，他搓着手说："如果坐高铁能直接到家就好了。"王明远这才恍然想起，不知不觉，这几年间，闽、赣二省内已经新开通了不少高铁。

古人的活动范围非常小，早上出发，背上行囊，一天顶多走上三四十千米。就算动用国家的力量，沿途设置驿站，不断换马换人，用所谓的"八百里加急"，转送千里也颇费时日，可到了现在，从南京到北京，高铁也不过几个小时的时间。这么一点时间，换到古代，恐怕还不足以走到下一个县城。

村庄里的阿婆，就算很少出远门，也能时常坐高铁去临近的城市一趟，不过十几分钟的时间。我们正亲身经历一个时代，在这个时代里，高铁正以普通人清晰可见的速度拉近空间的距离，缩短时间方面的间隔，消解鞍马劳顿时的茫然。同样在这个时代，中华大地乃至整个地球正通过交通工具、网络和通信变得越来越小。

交通越来越便利，科技也随之更加发达，高铁将城市与城市连接起来，形成一个巨大的城市圈。世界正越来越小，中国也越来越小，高铁正加快着这一进程，也让人和人的关系，变得更加紧密。王明远望着对未来满脸期盼的父亲，说："等高铁修到这里，咱们一起出去走走！"

高铁，大地上的流动风景

"复兴号"高速铁路列车驰骋在祖国广袤的大地上，它不仅让人们的出行更加便捷，旅行体验更加舒适，也让无数中国人倍感骄傲及自豪。也赢得了国际友人的关注及赞叹。

"复兴号"是中国铁路总公司组织国内企业、高校及相关科研机构，按照时速350千米运营速度研发制造的中国标准动车组，将大量现代的高新技术集成到一起而形成的高科技产品，相比之前的各种列车组，具有更好的安全性、经济性、舒适性，同时也兼顾了良好的节能环保性能。"复兴号"构建了体系完整、结构合理、先进科学的技术标准体系，涵盖了动车组基础通用、车体、走行装置、司机室布置及设备、牵引电气、制动及供风、列车网络标准、运用维修等十余个方面，达到了国际先进水平。中国标准动车组整体设计以及车体、转向架、牵引、制动、网络等关键技术都是自主研发的，具有完全的知识产权。

到2018年年底，我国高铁的营业里程已经达到2.9万千米，超过世界高铁总里程的2/3，现在已建成的"四纵四横"高铁网，拉近了各地间的时空距离，公交化出行的高铁，使想走就走的旅行不再是遥远梦想，正在不断改变着人们的生活与工作方式，而且也为偏远地区架起脱贫致富的桥梁和纽带。

随着时代的发展，“复兴号”高铁家族越来越兴旺，时速分别为250千米、300千米到350千米系列不同等级的“复兴号”动车组，正在不同的高铁线路上运行，乘坐“复兴号”，可以抵达23个直辖市、省会城市及自治区首府，将会使更多人分享“复兴号”高铁动车组带来的便利。

高铁带来团圆节

其实要说起高铁给百姓带来的便利，最有发言权的肯定是那些漂泊在外地的人们，“独在异乡为异客，每逢佳节倍思亲”，每当到了月圆人团圆的节日，更是让人期盼团圆。2018年9月23日，广深港高铁香港段正式开通，这样一来，中国高铁就可以连接起包括香港在内的45个城市。每天有一班高铁从香港西九龙直达北京西站，车程只需要约9小时，结束了香港到北京坐火车需要超过21小时的历史。听说有这么好的事，很多香港乘客都跃跃欲试，想搭乘这趟高铁去内地到处走走看看，既能放松身心，又能开启寻根之旅，真是太方便了。有些香港乘客还为此专门购买了比较贵的商务座，说是既然要感受，就感受个彻底。还有香港乘客在车上感叹：“搭高铁比飞机更痛快，觉得同内地更接近！还能看窗外的风景。”

郑先生本来是北京人，不过已经在香港工作30多年，如今特意搭乘高铁，返回故乡与亲友共度中秋节，和家人团聚，而且高铁乘坐时间这么短，以后可以经常回家看看了。

高铁不但速度快，而且还非常贴心地准备了符合香港人口味的特色美食菜单，有咖喱鱼蛋、碗仔翅、菠萝油和榴莲慕斯。

高铁缩小了整个世界，也缩小了思念的维度。

“要上天”的川藏铁路

一路好景君须记

作为一位地地道道的川妹子，小琴大学毕业后当了一名导游，带着各种旅行团看遍了国内国外的诸多美景，可以说是见多识广。但作为四川人，川西乃至临近的西藏的很多美景却是她没看过的，毛垭大草原、大渡河峡谷、木格措、米堆冰川等，都是她为之心驰神往的地方，但这些地方交通都太不方便，实在是有心无力。但现在好了，机会终于降临，川藏铁路正式开通之后，和小琴一样有志去一览川藏铁路沿线美景的人们有福了，因为，这绝对是一场高规格的浪漫旅行。

川藏铁路沿线有着驰名天下的大渡河峡谷，那里尽管没有美国科罗拉多大峡谷的斑斓色彩，但比它更深。因为河流的常年侵蚀冲刷，两侧壁立千仞，气势雄伟，极为壮观。

川藏铁路沿线还可以眺望贡嘎雪峰，在雪峰脚下，海螺沟匍匐其间，以低海拔的现代冰川闻名于世。当晶莹的冰川从险峻的山谷间倾泻而下时，让人有着油然而生的敬畏感，这里也是避暑胜地。

坐落于贡嘎山脉中段的木格措，周边有着多个高山湖泊和温泉，在这里，原始森林、草原和雪山景观彼此交融，是游览、娱乐、观赏、休养的好地方。当火车穿行其间，森林、原野、雪山逐次伸展，绵延向远方，仿佛瞬间游览了小半个北半球。

新都桥，这里有着神奇的光影交错的视觉效果，广阔的草原，潺潺的小溪，叶子金黄的柏杨，山峦在此连绵起伏，藏寨散落其间，共同构成了美丽的画卷。

亚拉神山主峰终年白雪皑皑。先看看雪山，再看看萦绕在铁路沿线的塔公草原，二者仿佛融为一体，交相辉映，一种壮美感扑面而来。

这里最独特的景观是大大小小的砾石组成的石河、石海及形态各异的冰蚀湖，当地人俗称海子，1145 个大小不等的海子遍布山间，犹如千百颗钻石点缀其间。火车穿行原野时，海子粼粼的波光让我们的心和眼都为之沉醉。

火车穿行在鲁朗林海，素有“西藏江南”美誉的景点如诗如画，四周雪山林立，沟内森林葱茏，诸多民居点缀在宛若天街的高原森林中，周边溪流蜿蜒，有无数野花竞相开放……

这里是世界屋脊、人间仙境，这里也是旅行的人梦开始的地方。

“坐过山车”的川藏铁路

川藏铁路是中国境内一条连接四川省与西藏自治区的快速铁路，呈东西走向，是我国国内的第二条进藏铁路，也是中国西南地区最主要的铁路之一。川藏铁路东起四川省成都市，西至西藏自治区拉萨市，线路全长 1838 千米，设计速度 160—200 千米 / 小时。川藏铁路拉林段与成雅段于 2014 年 12 月开工建设；成雅段于 2018 年 12 月 13 日试运行。

这条铁路在修建伊始，就受到了全国乃至全世界铁路界的密切关注。“川藏铁路不是难于上青天，是真的要上天。”这是很多参与川藏铁路建设的人的真实感受，“青藏线是缓坡上去的，而川藏线是台阶式的”。川藏铁路的修建要越过四川盆地、云贵高原、青藏高原三个台阶，沿途跨越岷江、金沙江、雅鲁藏布江等大江大河，翻越鹧鸪山、雀儿山、念青唐古拉山等雪域高峰，最高海拔达到空前的7000米，沿线跨越多个地层断裂带，整条线路上81%的区域需要架设桥梁、挖掘隧道。

修建川藏铁路首先要克服的就是巨大的高度差。用设计者的话来说就是“八起八伏”，81%的地区将以隧道和桥梁的方式进行建设，从完全是“千山鸟飞绝”的荒野当中硬是建出一条路来，累计爬升高度达1.6万多米，相当于两座珠穆朗玛峰的高度。

从海拔700米的雅安向西，在天全与泸定间，就要以十几千米长、埋深达1500米的隧道穿越二郎山，并爬坡600多米，抵达大渡河边、海拔1330米的泸定县。接下来，前往甘孜藏族自治州州府所在地康定，直线距离仅仅30千米，海拔却升高了1200米。而这样的地形和后面相比，不过是小菜一碟。

从康定往西，还要继续爬升1800米，经过海拔4300米的“康巴第一关”折多山，此时才算进入了藏族群众聚居区。过理塘，经过4650米的海子山垭口，14千米内海拔下降1000米，再沿河谷下降1100米，来到海拔2550米的巴塘县，此时跨过金沙江，才进入西藏自治区。接着，又是沿着河谷爬升1300米，来到海拔近3900米的芒康县，翻越4300米的拉乌山、觉巴山，再下降1700米，到2630米的如美镇竹卡村，在这里跨过澜沧江。顺着澜沧江峡谷的峭壁前行，又要在直线距离不过2000米的地方，爬升800米，然后抵达海拔3850米的觉巴山垭口。

接下来经过海拔 5100 米的东达山垭口（全线海拔最高点），又下降 1300 米，到 3800 米的左贡县。在游乐园坐过山车也不过如此！而这只不过是“坐过山车”旅途的部分而已，后面还有很多大起大落。

川藏铁路的桥梁与隧道也是当今世界的一绝，有单跨长达 1000 多米的大渡河悬索铁路大桥，是国内铁路单跨最长的桥梁。

未来要修建的川藏铁路怒江特大桥，桥面距谷底的怒江江面高度差达到 700 米，坐的虽然是火车，感觉上完全是从天上飞过，这绝对是堪称震古烁今的超级工程。

川藏铁路的一大亮点就是隧道，全线的隧道总长度达到 1400 千米，桥梁和隧道的长度占线路总长的 42.6%，可以说是硬生生从群山之中开凿出一条天路。

开发大西南的经济大动脉

这条铁路将彻底改变川西和西藏落后的交通运输条件。川藏铁路经成都，可以连接各地铁路的快速通道，进而通往华中、华东地区，也能成为西藏连接长三角、珠三角两大经济圈的便捷铁路通道。建成后，从成都到拉萨坐火车最快仅需 13 个小时左右。

修建川藏铁路，也可以拉动这片神秘而伟大的土地的旅游资源。

川藏铁路的修建，也能够打通中国长江中游经济圈与南亚陆路经贸通道。同时，川藏公路是重要的国防干线，将大幅度增强该区域的国防能力。

第三节　大型工程，雄伟奇观

三峡工程，世界奇秀

伟大的自然奇观——三峡

长江三峡是我们国家非常著名的风景区，它起自重庆奉节县的白帝城，随后蜿蜒约 200 千米至湖北宜昌南津关为止，由瞿塘峡、巫峡和西陵峡组成，因此称为三峡，沿途地形险峻，山川秀丽，有着诸多的名胜古迹。

瞿塘峡，也叫夔峡。全长近 8 千米。在长江三峡当中，瞿塘峡的长度是最短的，却最壮观，素来有“瞿塘雄，巫峡秀，西陵险”的说法。著名的奉节古城、八阵图、鱼复塔、古栈道、风箱峡、犀牛望月等景观都在这里。当年刘备托孤诸葛亮的白帝城也在这里，神秘莫测的风箱峡、传说众多的孟良梯、倒吊和尚、盔甲洞、甘甜的凤凰饮泉等也都在这一带。在风箱峡下游不远处的南岸，还有一座奇异的山峰，突起于江边，人称“犀牛望月”，栩栩如生。距白帝城仅几千米的杜甫草堂遗址，更是古往今来无数诗人魂牵梦萦之地。

过了瞿塘峡，就来到了巫峡，巫峡绵延 42 千米，包括金蓝银甲峡和铁棺峡，峡谷特别幽深曲折，四周山高入云，有巫山十二峰，雄奇伟岸。巫峡的名胜古迹非常多，有陆游古洞、大禹授书台、神女庙遗址、孔明石碑，还有位于悬崖绝壁上的夔巫栈道、“楚蜀鸿沟”题刻，无不充满诗情画意，为历代文人的生花妙笔提供无数灵感，留下了诸多光耀千古的诗篇。著名的“巫山神女”的传说，宋玉的《高唐赋》《神女赋》等传世名篇，都让人浮想联翩。

出巫峡，就来到了最后的西陵峡，西陵峡全长126千米，是三峡中最长的，西陵峡以滩多、水急著称，大峡之中套着小峡，如破水峡、兵书宝剑峡、牛肝马肺峡、灯影峡等。西陵峡两岸有着众多的名人题字，屈原、陆羽、白居易、元稹、欧阳修、三苏、寇准、陆游等诸多名人都在这里留下了流传千古的诗赋。

三峡的风光如此壮美，这里的地形又是如此险峻，历史上无数次让人们驻足惊叹，却很少有人能够想象可以依靠人类的力量改变这大自然的鬼斧神工，“更立西江石壁，截断巫山云雨，高峡出平湖。神女应无恙，当惊世界殊”，并不是单纯的幻想，伟大的中国人民有能力将其转变为现实，这就是名扬世界的三峡工程。

举世惊叹的水利工程

三峡水电站是当今世界规模最大的水电站，也是我国有史以来的最大型工程项目。三峡水电站1992年获得全国人民代表大会批准建设，1994年正式动工兴建，2003年6月1日下午开始蓄水发电，于2009年彻底完工。

三峡大坝是混凝土重力坝，大坝长2335米，底部宽115米，顶部宽40米，正常蓄水位为175米，可抵御万年一遇的特大洪水，最大下泄流量可达每秒10万立方米。10万立方米的水是一个什么概念呢？足以满足25万人一天的生活用水，可见三峡工程的浩大与非比寻常。水库全长600余千米，水面平均宽度1.1千米，总面积1084平方千米，总库容393亿立方米。

三峡水电站的机组设置在大坝的后侧，共安装32台70万千瓦水轮发电机组，其中左岸14台，右岸12台，地下6台，另外还有2台5万千瓦的电源机组，总装机容量达到2250万千瓦，远超位居世界第二位的巴西伊泰普水电站，是后者的1.6倍之多。

2014年，三峡电站全年发电量达988亿千瓦时，创单座水电站年发电量新的世界最高纪录。相当于减少了5000万吨原煤消耗，减少近1亿吨二氧化碳的排放。

截止到2018年12月21日8时25分21秒，三峡工程在充分发挥防洪、航运、水资源利用等巨大综合效益前提下，累计生产1000亿千瓦时的绿色电能。

经过20多年的建设，长江三峡就算处于冬季的枯水期，库区依旧烟波浩渺、巨轮穿梭。而与此同时，三峡工程在防洪、发电、航运、水资源利用等方面的综合效益开始全面发挥。

防洪功能：三峡工程是治理长江的关键工程，其首要功能是防洪。三峡工程建成后已多次拦截洪峰，保障了长江中下游的汛期安全。避免了数千年来长江水患对中下游地区的致命威胁。

增强航运功能：三峡蓄水前，重庆至宜昌航段弯曲狭窄，礁石众多，滩险流急，部分河段不能夜航，白天也只能通航1000吨级船舶，万吨级船舶根本无法到达重庆。2002年货运量仅1800万吨。三峡工程蓄水运行后，结束了“自古川江不夜航”的历史，也将三峡的船舶事故率降低了一半以上。

电力功能：三峡工程发的电输送到华中、华东的大多数省份，甚至还输送到广东等省，半个中国都可以用上三峡的电，上海市更是有30% 的电来自三峡。同时，三峡电站每年可以节约原煤 5000 万吨，还减少了燃煤带来的空气污染。

全球最大的“电梯”

前面介绍了三峡能够增强长江的航运功能，但有一个细节不知道大家注意到了没有，三峡大坝坝前正常蓄水位为 175 米高程，而坝下通航最低水位只有 62 米高程，之间的高度差相当于 40 层楼房。船舶从坝下前往上游，又不是飞机，总不能肋生双翅飞上去吧？

这一点其实大坝的建设者早就想好了对策，通过大船“爬楼梯”、小船“坐电梯”的方式解决这个难题。那么什么是“楼梯”“电梯”呢？其实这是船舶过大坝的两种方式。巨轮要静静地停泊在三峡的上行船闸内。船闸通往下游的部分是密封的，通往上游的船闸开始放水，随着闸内水位提升，巨轮也就随之上浮，这样经过五个这种船闸，巨轮所处的位置就与上游水位平齐了。因为是逐渐爬升的，所以被形象地称为“爬楼梯”。船前往下游，则采用同样的方法，以相反的程序“下楼梯”。

那么什么又是“坐电梯”呢？长江号称“黄金水道”，每天穿行其间的船只很多，如果都“爬楼梯”，实在是太拥挤了，要等很久，于是人们依靠“升船机”让比较小的船“坐电梯”较快地通过。

三峡升船机是中国拥有自主知识产权的升船装备，其承船厢可载3000吨级的船舶，最大爬升吨位高达1.55万吨，最大爬升高度为113米，是目前全世界最大的升船机。“坐电梯”时，船舶在三峡升船机的承船厢里，像坐电梯一样，被悬在空中，由机械驱动承船厢进行升降，以克服大坝上、下游的集中水位落差。在升船的过程中，轮船在承船厢里，就像我们小时候在浴缸里玩过的小船一样，泡在水里，随着升船机一起升上去。承船厢以0.2米/秒的速度移动，当行驶至上游对接位时，承船厢与上闸首工作门对接，间隙充水。之后，船驶出承船厢，耗时1小时10分钟。

就这样，靠着无数科研人员和工程人员的努力，才有了现在游人如织、货船穿梭，一派繁忙而又欣欣向荣的长江三峡，也才有了更加富强的祖国。

南水北调，畅通无阻

大山与荒漠里的渴望

生活在水资源丰沛地区的人们，无法想象在严重缺水的边远山区人们是怎样的生活状态，在那里经常可以望见一队队驮水的牲口与一群群背水返回的妇女。

有些极度缺水的地方的壮劳力，要把一天里2/3的时间都花在取水的路上。“后半夜就要起来去翻山，翻过层叠的山峦，鸡叫天亮时才能取到水，到家时已是黄昏时分。”这绝不是夸张，而是当地人真实的生活写照。

据当地人回忆，早些年间，这里的人洗脸方式和现在大不相同，当妈的含一口水喷到孩子们脸上，然后擦一把就算是洗过脸了。现在大家觉得不卫生，改成用毛巾沾点水擦一下。

甘肃省秦安县有一位已经失明多年的农民周四喜，在他的记忆里，平生只在儿时由母亲为他擦过一次澡。县里的送水服务队来到村里，周四喜让双腿有残疾的妻子领着，挑着水桶到村口接水。听到流水声，老人不觉潸然泪下，说："政府好啊，给我们村送了水，唉！可是我已经看不见政府啦！"

这里的院落通常有三间屋子，屋顶全都是单面斜顶，目的是在下雨时使瓦面上的雨水能都落到院里，然后顺斜坡流到院子角落中挖好的水窖里。这样的格局就像一双双皴裂的手掌，世世代代向天上伸着，乞求苍天降下甘霖。

宁夏池县高沙窝乡的居民站在家门口，只能看到远处绵延无尽的沙丘，家里缺水时需要赶着毛驴到几千米外的地方，每当起风，漫天黄沙当中连路都找不到，但没水是绝对不行的，人们也只能在沙尘天气外出。男人们都去了外地打工，妇女们支撑着全部的生活重担，当然也包括打水。可以说这里的每一滴水，都隐藏着一位妇女的满腹辛酸。

由于极度缺水，西北旱区一带的农家习俗非常特殊。比如招待客人，主人通常都用馍招待，除非是贵客，才拿出一小杯水。就连婚嫁习俗，都是以水衡量的，陕西的一些方言说："一看女婿僚不僚（优秀），二看有没有大水窖。"这种习俗也是缺水条件下无奈的选择。

不过当岁月的指针指向21世纪时，这些地方的人们终于有了盼头，从江南水乡调来的汩汩清泉滋润了干涸的西北大地，这里的人们终于有希望摆脱干涸的痛苦了。

南水北调，不是突发奇想

中国的水资源存在非常严重的分布不均匀的问题，水资源主要集中在长江流域，而中国华北与西北地区却严重缺水。“天之道，损有余而补不足”，南水北调工程就是要将长江水调到缺水的华北、西北地区，以缓解那里严重的水资源紧缺问题。

南水北调的主要要求是节约用水、治理污水、保护水资源，在工业化和信息化飞速发展的今天，使得绿水青山就是金山银山的造福人民的愿望得以切实实现。

“南水北调”分三路进军，即东、中、西三条线路。

东线工程：东线工程从长江下游的扬州抽引长江水，利用京杭大运河及与其平行的河道逐级提水北送，出东平湖后分两路输水：一路向北，在位山附近经隧洞穿过黄河；另一路向东，通过胶东地区输水干线向南输水到烟台、威海。

中线工程：从陕西的汉中、安康、商洛地区，逐渐运送，最终输送到北京。

西线工程：在长江上游通天河、支流雅砻江和大渡河上游筑坝建库，穿过长江与黄河的分水岭巴颜喀拉山的输水隧洞，调长江水入黄河上游。西线工程的供水目标主要是解决青海、甘肃、宁夏、内蒙古、陕西、山西等6省（自治区）黄河上中游地区和渭河关中平原的缺水问题。

南水北调工程将长江、淮河、黄河、海河相互连接，合理调配全国的水资源。

2013 年和 2014 年，南水北调东、中线工程相继通水，截止到 2017 年 6 月 9 日中午 12 点，南水北调东线中线一期工程已经累计输水 100 亿立方米，相当于从南方向北方搬运了 700 个杭州西湖。

天津、石家庄、济南等城市借此基本摆脱了缺水的制约，也改善了北京的用水短缺状况。缓解了城市地下水位持续下降带来的一系列问题。

南水北调工程并不只是运水，还要治水，要解决沿线的水污染治理和生态环境治理，更要解决不同地质条件下的施工问题，因此这是一项世界性的艰难工程，以南水北调的中线工程为例，当这个工程到达郑州以西区域附近时，便要与黄河相遇，就必须实施“穿黄工程”。我国专家创造出十字形立体交叉法——通过两条长 4250 米的穿黄隧洞，让北调的江水从黄河底部穿越过去，采用当今世界上较先进的盾构技术进行挖掘施工，历时 5 年才最终建成。

另外，在南阳段等渠线上，遇到了被世界工程界称为“工程癌症”的膨胀土，而且有 300 多千米长度的输水渠需要穿越膨胀土，这种工程在全世界还没有先例。工程建设者通过在渠线上选择两段长 1.5 千米到 2 千米长的试验段，对所有可能出现的问题及其解决方案进行原型试验，并深入研究，最终取得原创性突破，圆满地解决了这一世界难题。当然像这样的科研故事还有很多，依靠这个伟大的工程，百姓获得了希望和幸福的生活，科研人员获得了荣耀与成就，国家得到了发展与富强，这就是南水北调工程的伟大之处。

有水自远方来，不亦乐乎

南水北调工程不只是绿色的生命线，也是一条黄金新水道。让华北、西北的旱灾不再频繁，让江汉水灾不再凶猛。当百姓在品茶饮水时的感受有细微改变时，就是群众获得感、幸福感提升的最真实写照。

张凤霞已经过了知天命的年纪，从孩童时起就生活在郑州郊县，在她儿时的记忆里，一条不知名的小河从老家的村前潺潺流过。夏天，她和同学就在小河里嬉戏，冬天，他们在结冰的河面上玩耍，这条小河总是带来无数欢乐。20 世纪 70 年代时，“河水和井水没有丝毫污染，水量丰沛”。那时田里的地都是湿湿的，用脚踩几下，就会出现小水坑。什么时候孩子嘴馋了，家长就会提了鱼叉下河，不一会儿，准能拎几条鱼回来。

可是到了张凤霞出嫁到几十里外的村落时，村民已经开始利用压水井从地下取水，再后来，村子里开始集体打机井，但随着地下水位越来越低，打井也越来越难。河水也越来越少，后来就彻底干涸了。

2014 年 12 月 12 日，南水北调中线一期工程正式通水，12 月 15 日，郑州市南水北调配套工程 21 号分水口门泵站正式供水。2015 年 6 月 1 日，郑州白庙水厂正式通水，实现了郑州市主城区南水的全覆盖。张凤霞一家都喝上了从丹江口水库调来的长江水。张凤霞特意带着家人去看了看南水北调的中线工程。丹江口水库浩瀚无边，江水清澈干净。好而充足的供水也就意味着未来能有幸福的生活，有了南水的有力帮助，郑州的河流、湖泊、公园等休闲场所都增加了很多。张凤霞一家有空就在公园健步走。好水给了经济发展底气，南水让这里更具生机与活力。

展翅的凤凰——北京新机场

有凤来仪，笑迎天下客

北京曾经是多个朝代的首都，自古有龙兴之地的说法，当然这只是一种形象化的比喻，龙自然不会真的存在，但在北京东南边，却有一只仿佛要振翅起飞的金凤正傲视着新时代的中华大地，这只凤凰就是已经建成的“北京大兴国际机场”。

从高空俯瞰，北京大兴国际机场位于北京大兴区、河北廊坊市的交界处，这个犹如凤凰展翅造型的国际机场的主航站楼已投入使用。

这个被外媒评为“新世界七大奇迹”之首的新型国际化超大枢纽工程，是当今世界最大的单体航站楼。预计投入运营后，旅客吞吐量在2025年可达7200万人次，2040年可超过1亿人次。

大兴国际机场航站楼拥有世界最大的屋顶面积，航站楼投影面积高达18万平方米，相当于25个标准足球场。站在航站楼中心点向上望去，巨大的网状穹顶，保障了建筑坚固，透明的天窗给予室内充足的光线。但这个让人为之震撼的屋盖结构，施工难度也是堪称世界之最的：这个网状大屋顶共由1.2万个球形节点与6万根杆件组成，构成“凤凰展翅”的“大骨架”，这个“大骨架”是不规则曲面的，球形节点与杆件相连部分覆盖的玻璃幕墙，也形状各异。这就意味着，屋顶所用的 8000 多块玻璃每一块都不能相同，施工难度可谓空前。

穹顶之外，主体航站楼最震撼的还有 8 个 C 柱和五指廊。如果把主体航站楼看成是一个手掌，作为掌心部分的主航站楼中厅是要靠 8 个 C 柱支撑的，5 个廊道则犹如 5 根手指一般，向外延伸。这 8 个 C 柱的工程体量非常巨大，其间的空间足以容纳水立方，目的在于让整个楼中厅营造出“无柱”的设计感，使得旅客拥有最大化的公共空间与最舒适的视觉感受。这个巨大的中厅，将是办理登机和行李托运，同时作为旅客接待大厅的场所。

5 个延伸指廊，是旅客休息和登机的地方，同时也是货运通道。五指廊的设计解决了以往机场设计会导致旅客“长途跋涉”才能抵达登机口的问题。五指廊中最长的廊道距离航站楼中厅也只有 630 米，旅客步行 8 分钟就可以抵达。

现在私家车越来越普及，停车也就随之越来越难，机场这种交通枢纽地带也就必须想办法处理好停车问题，这次的国际机场停车楼为此引入了智能停车楼，在国内机场当中首次引入机器人自动泊车、反向查车功能。停车楼共 4 层，地下 1 层东西贯通，地上 3 层分为东西两楼，可以提供 4200 多个车位，其中包括 600 个充电桩车位。

机器人自动泊车，就是车主把车放在指定的入口，由机器智能设备把车辆运送到相应的车位，可以缩短泊车时间。因为机器人可以精准停车，车辆间距短而均匀，还节省更多空间。这样一来，旅客驾车到机场赶飞机时，停下车就能去办登机，返程下飞机时，车已在车库等待你的归来。

那么你怎么知道自己的车被停在哪里了呢？智能航站楼还提供

“反向查车”的功能，旅客在手机终端的软件当中一点，就可以快速定位，按照导航找到自己的车。

北京联通世界的新“名片”

北京大兴国际机场，也叫北京第二国际机场、北京新机场，是超大型国际航空综合交通枢纽，是当今世界最大的机场。一直以来，北京主要靠首都国际机场来保证空中航运，但随着我们国家经济的不断繁荣，空域资源变得非常紧张，航班时刻表已经饱和，首都机场每天大约有 300 个飞行架次无法得到妥善安排，每年有近 1000 万人次的航空需求不得不被“拒之门外”。所以，北京迫切需要一个新的机场来解决这个难题。

为了最大限度满足现在乃至未来的交通需要，新机场未雨绸缪，规划了占地 4.1 万亩的面积，大约相当于 63 个天安门广场，总投资 800 亿，还不含周边配套设施。规划建设 7 条跑道。远景规划，到 2040 年，客流年吞吐量达到 1 亿人次，飞机年起降量 80 万架次，航站楼 140 万平方米。终端规划，到 2050 年，旅客年吞吐量 1.3 亿人次，飞机年起降量 103 万架次。为此，机场在规划时就已经预留了再建 9 条跑道的用地。

新机场的建设者们不仅为交通设施的尽善尽美费尽心思，还采用更为人性化设计，为更好地接待八方宾朋绞尽了脑汁。除了我们之前介绍的别具特色的航站楼、延伸指廊、停车楼，新机场还设置了诸多的旅客服务、商业配套等设施，并与轨道站厅、综合服务楼直接相连。其中，综合服务楼酒店部分可为旅客提供 500 多间客房。在世界同等规模机场里面，新机场的酒店与办公区域距离航站楼是最近的，到达航站楼的中心位置最远也只有 600 米，可以最便捷地服务旅客。

除了功能齐全、设计人性化，北京新机场也是“环保标兵”。综合服务楼采用“双层呼吸式幕墙”来实现绿色节能，幕墙的双层结构不仅可最大限度地减少“光污染”，提高幕墙保温、隔热、隔声等性能，还可利用“双层绿色外套”的换气层达到冬暖夏凉的效果。

2018 年年底，大兴国际机场航站楼主体工程已经完工。2019 年 6 月 30 日，机场及其配套工程已竣工验收，已于 9 月 25 日正式投入运营。

京南凤凰的寓意

要说起给世界的印象，北京新机场的航站楼的造型是最深刻的，有着浓郁的中国味道。如果临空俯瞰，会发现新机场的形态，是一个极为漂亮的朱红色的星形结构，呈华丽的放射状。而在官方的宣传材料中，这个独特的造型被称为“凤凰展翅”。这样一个重要的工程，为何会冠以“凤凰展翅”的名称呢？凤凰在古典文化当中有着非常吉祥的寓意，《说文解字》记载：“（凤凰）出于东方君子之国，翱翔四海之外，过昆仑，饮砥柱，濯羽弱水，暮宿风穴，见则天下大安宁。”凤凰也代表了多种美好的品德，《山海经·南山经》载，凤凰身负五种像字纹：“首文曰德，翼文曰义，背文曰礼，膺文曰仁，腹文曰信。”

所以，北京新机场的特殊造型有祈求世界和平，象征中华美德的美好寓意。中国也借此向世界各国人民传达感情和美好祝愿，是极具中国特色的欢迎方式。

京南这只凤凰如今已展翅腾空，将帮助北京成为更加繁荣的国际化大都市，与全世界的友人拉近彼此的距离，这里有望成为向世界展示中华民族伟大复兴的新国门。

第五章 5

信息科技：连接你我，盛世景象

第一节　计算机技术，当代信息技术的基础

“天河二号”：“算天”“算地”“算人”

“天河二号”的“大脑”

孟祥飞，是一位不到40岁，身材高瘦，脸上总是挂着阳光般笑容的青年男子。他身着休闲装扮，出现在天津滨海新区的国家超级计算天津中心。

2009年，身在美国即将博士毕业的孟祥飞迎来了人生的一次重大转折。

是继续留在美国，跟随美国导师从事研究工作，拿绿卡？还是回国，到一个刚成立、前途并不明朗的计算中心白手起家？

前者能带来的“好处”显而易见，孟祥飞却选择了后者。选择后者的理由是：

“实际上我主修的学科比较交叉，我原来学的是物理专业，但是我的物理研究方向要用超级计算机来解决相关问题。当时国内没有超级计算人员，我属于联合培养，到美国去开展科技研究工作，借助他们的超级计算能力，当时应该说做得还是比较好的。我觉得可能回到国内能发挥更大的作用。”

然而孟祥飞没想到的是回国后面对这样的状况：

“当时来超算天津中心的时候，这个中心一切都处于草创状态，连间办公室都没有。我和最早的团队，实际上是在宿舍里开始中心的筹备工作的。半年没有工资，没有任何待遇。”

实际上，在选择进入超算中心之前，南开大学物理学专业毕业的孟祥飞用了硕士和博士在读期间的6年时间去探索宇宙的起源，研究宇宙间最小的粒子如何运行，称得起是学有所成。当年即使回国，相对于完全“白手起家”的超算中心，他还有更好的选择——成为一名出色的高校物理老师，或者是进入薪水比较高的企业与医疗机构。

时至今日，孟祥飞仍然坚信他的这个选择是正确的，因为一定要让超级计算机“天河二号”诞生。

从2008年开始研制，按两期工程实施，二期系统于2012年8月在国家超级计算天津中心升级完成。2013年11月14日，国际“TOP500”组织在网站上公布了最新全球超级计算机前五百强排行榜，“天河二号”排名全球第一。

“天河二号”的应用

尽管超级计算机“天河二号”诞生了，关于新技术产品的应用问题又惹来了众多非议：

“‘天河二号’在2013年取得世界第一，对我们国人是一个非常振奋的消息。但实际上，在行业内部，包括很多国内、国外的专家也都在提出质疑，中国用自主的计算机技术做了一台最高性能的超级计算机，但能不能用好？甚至有人说中国就是做了一台大游戏机，他们在质疑中国能不能把这台机器切实利用好。”

“当时，我就怒了！”孟祥飞回忆说，“我立下了军令状，干不好‘天河二号’的应用，我就卷铺盖走人。”

为了解决“天河二号”的投入使用问题，孟祥飞继续琢磨如何让“天河二号”与更多企业、院校、科研单位对接，使他们成为“天河二号”的用户。

于是，他把团队打造成售前、售后、研发的“三体一体”的组织，分头行动。

为此，孟祥飞一年常常要跑上四五十个城市，行程最多时可以绕地球两圈。由于超级计算应用涉及各种领域，为了让“天河二号”忙起来，为了与各领域的客户对接通畅，孟祥飞不断地学习和了解新领域的知识。用他的话说就是，要上知天文，下知地理，中间懂空气。出差路上的时间，也成了他给自己上“自习课”的时间，随身携带的行李箱里永远装满了书，鼓鼓囊囊。他因为有爱读书的习惯，还被团队里的同事称作“状元”。

由于“天河二号”大量采用自主技术，在此之前，国内最高性能的计算机性能只有“天河二号”的1/40、1/50，而且采用国外的芯片与技术。而超算中心研发了一个排名世界第一的计算机，大量的自主应用技术能不能跟应用软件、应用平台结合在一起，都是孟祥飞团队要解决的难题。

“这既是一个要突破技术瓶颈，把这些应用平台转移的过程，还要让我们的合作机构了解‘天河’能够给他们的科技创新、企业发展在未来带来显著的突破和效益。”

功夫不负有心人。经过 3 年的努力，到 2013 年左右，“天河二号”终于实现了良性运行，广泛应用于航空航天、石油地震勘探、新材料的研发，以及生命科学包括基因密码的解读等诸多领域。此外，它还在日常生活领域发挥着作用。现在每天在“天河二号”平台上在线操作的研发任务有近 1400 项，每天要完成近万项计算工作。

“天河二号”天天在忙什么呢?

说“天河二号”是名副其实的“全能算将”一点也不过分，因为它能“算天”“算地”，也能“算人”。

何为“算天”呢?就是让大飞机、航天器在“天河二号”模拟的虚拟空间飞翔，让气象信息在“天河二号”的数值时空里接受分析，预测未来变化。听起来很抽象?大家想象一下飞行器和航天器的尺寸就明白，实物实验不可行，成本也太高，且通过传统风洞实验开展飞行器设计工作已很难满足需求，如美国波音 787 客机 70% 的研发设计工作都由计算机辅助设计完成，样机制造完毕后直接进入试飞阶段。现在，“天河二号”已经参与过“国产大飞机、宇宙飞船的全尺寸飞行气动模拟”等重要研究工作。

再说说雾霾预警吧。“天河二号”与中国气象局气象科学研究院等单位合作，构建了自动化实时雾霾预警预报系统，只需要 2—3 小时就能算出最长时效为未来 5 天气象的数值预报，目前实现雾霾预报最高网格精度为 2—3 千米，而过去，精度为 50 千米左右。通过对污染源、区域污染数据的精确分析，为未来雾霾治理提供预警及解决方案。要知道，以前这些都要依赖国外计算机，即使不考虑国家战略意义，它们性能并不优于“天河二号”，投入的费用还是“天河二号”的数倍。

“算地”是能给地球做“CT”。过去在油气勘探领域，我国缺乏强有力的超级计算机，并且核心软件需要从欧美几大石油软件巨头处购买，这样在国际石油勘探上完全没有竞争力。从2011年开始，“天河二号”与中石油东方地球物理勘探研究院合作研制具有自主知识产权的、技术成熟的石油地震勘探数据处理的核心软件和处理平台，原来需要30天完成的业务项目在“天河二号”的处理平台只需要16小时。这帮助我国石油公司在国际勘探竞标中成功击败欧美公司，中标并完成了多个国际、国内项目。

“算人”是指探索人类大脑的秘密、破解人类基因密码。脑科学是神经疾病治疗、人工智能等诸多领域取得突破的原动力。国内的全脑三维成像领域的研究数据，基于“天河二号”的超级计算能力和并行处理技术，已实现150倍以上的提升。原本做一次鼠类全脑成像数据处理需要5—7天，现在1—2个小时就可以完成。同时，“天河二号”也与脑神经科学家合作开展我国脑神经网络仿真与超级计算的首次结合，为我国脑科学下一步的创新发展打下坚实基础。

除了“算”的强大功能，“天河二号”还能推动科技创新。现在，每天都有60多名科学家和专业工程师在保障“天河二号”的运行，每天都要花费近10万元提供动力。“天河二号”服务的科研单位、企业、政府机构用户数已近1300家，主要用户遍布全国30个省、自治区和直辖市。

在它的超级计算平台，有超过百家的科研团队在从事电子信息、纳米、先进复合、储能、超导、磁性等领域的新材料研发的计算模拟工作；中科院上海药物研究所利用“天河二号”的超算平台并结合实验，从20多万个代表化合物中筛选出抗癫痫先导药物；北京生命科学研究所依托“天河二号”研究未来代替抗生素治疗细菌感染的新药；等等。可以说“天河二号”已经成为国内药物研发的重要支撑平台。在基因测序领域，天津超算中心与华大基因等科学研究机构开展合作，基于高效基因测序处理软件进行人、动物、植物等大规模群体的基因分析，其中对3000株水稻的基因组重测序进行分析时，处理速度提升15倍……

最令人开心的是，作为全球首个实现收支平衡并略有盈余的超级计算机，“天河二号”不仅提供简单的计算服务，还能帮助企业转型升级，提升研发效率与市场竞争力。根据初步统计，“天河二号”已为各类企业节省研发投入上亿元，为企业带来相关经济效益超过30亿元。

“神威·太湖之光”，雄踞世界榜首

发展事关国家兴衰

2017年6月19日，国际“TOP500”公布最新的超级计算机榜单，中国“神威·太湖之光”和“天河二号”占据了冠亚军的位置，这已经是它们第三次获得这一殊荣。第三名则是瑞士国家超算中心的Piz Daint，美国、日本的超级计算机紧随其后。

为了应对中国和其他国家超算领域飞速发展带来的新挑战，传统的超级计算机强国美国宣布将在未来3年投资2.58亿美元，开发下一代的超级计算机。美国表示会保持自己在超算领域的领导地位，这对于国家安全、繁荣和经济发展，参与国际竞争意义重大。那么超级计算机到底有哪些作用呢？其实在介绍“天河二号”时，我们已经讲解了很多，但远不只如此。

在国家层面上，为了保卫国家安全，情报是非常关键的，超级计算机在破解敌人的安全系统和通信密码方面，有着至关重要的作用。另外它也善于筛选情报，现代通过各种渠道获取的信息是海量的，但真正有价值的情报是有限的，有了超级计算机，筛选工作就能事半功倍。

在至关重要的核武器研究方面，现在国际社会已经签署了禁止核试验的公约，但有超级计算机的存在，就可以用计算机模拟核试验，达到进一步研究的目的。

超级计算机还是信息技术潮流的引导者，很多尖端的信息技术最初都是为超级计算机服务的，包括处理器、云计算、大数据、量子计算等，后来才逐渐飞入寻常百姓家。

所以，超级计算机于国于民，都是非常重要的，被称为“国之重器”实至名归。

世界“顶峰”十连冠

超级计算属于国家战略高技术领域，是世界各国都在竞相角逐的科技制高点，也是一个国家科技实力的重要标志之一。一个没有世界顶级超级计算机的国家，是不能被称为科技强国的。

“神威·太湖之光”超级计算机由40个运算机柜和8个网络机柜

组成。每个运算机柜比家用的双开门冰箱略大，打开柜门，4 块由 32 块运算插件组成的超节点分布其中。每个插件由 4 个运算节点板组成，一个运算节点板又含有 2 块国产“申威 26010”高性能处理器。一台机柜就有 1024 块处理器，整台“神威·太湖之光”有多达 40960 块处理器，峰值运算性能为 12.54 亿亿次 / 秒，是世界上首台运算速度超过 10 亿亿次 / 秒的超级计算机。“神威 · 太湖之光”1 分钟的计算量足以让全球 72 亿人口用计算器不间断计算 32 年。

2016 年到 2017 年，“神威 · 太湖之光”四次蝉联世界超级计算机 500 强榜首，“天河二号”紧跟其后，名列第二。加上此前“天河二号”连续六次位居世界榜首，中国的超级计算机已经完成了十连冠。2018 年 11 月的最新一届评比中，“神威 · 太湖之光”名列世界第三，“天河二号”位居第四，但依旧都是世界上最先进的超级计算机之一。虽然暂时失去了世界榜首的地位，我国新的拥有每秒运算 100 亿亿次级的超级计算机已经在研发当中，预计在 2022 年投入使用，到那时，超级计算机榜首的位置依旧会属于中国。

借助“神威 · 太湖之光”这一强有力的平台，在气象学上，2016 年 11 月 18 日，我国运行“全球大气非静力云分辨模拟”的应用斩获 2016 年度的国际高性能计算应用领域最高奖——“戈登 · 贝尔”奖。

在天文学上，2017 年 8 月，中国科学家打破纪录，在“神威 · 太湖之光”计算机上创造出最大的虚拟宇宙，用了 10 万亿个数字粒子来模拟宇宙的形成和早期扩张。就纯运算能力而言，中国近年来已经超过其他国家，有望在 5 年内成为研究宇宙形成问题的领军者。

在航天方面，国家计算流体力学实验室利用“神威 · 太湖之光”对

“天宫一号”返回路径的数值模拟结果令人振奋，为“天宫一号”返回舱顺利返回地球提供了精确预测。

在医药方面，上海药物所开展的药物筛选和疾病机理研究，借助“神威·太湖之光”短短 2 周就完成采用常规方法需要 10 个月的计算，大大加速了白血病、癌症、禽流感等方向的药物研发进度。

纯国产的超级计算机

在过去，我们国家不能自主设计生产高性能处理器，包括“天河二号”在内的各型超级计算机都是使用进口处理器，而处理器作为超级计算机的核心部件之一，是不可或缺的。2015 年 4 月，美国商务部发布公告，决定禁止向中国出售高性能处理器芯片，妄图截断中国在超级计算机领域的发展之路。但中国人没有因此而气馁，反而加快了国产处理器的研究速度。终于在“神威·太湖之光”上面使用了纯国产的“申威 26010”众核处理器，首次实现了超级计算机部件 100% 国产化，打破了发达国家对高性能处理器的垄断和技术封锁，成为世界极少数能做到完全自主生产超级计算机的国家之一。

更为难能可贵的是，“神威·太湖之光”在不断提升计算速度和运行速度的同时，单位能耗反而有了显著下降。这与世界范围内普遍存在的计算速度变快的同时，能耗也变大的规律完全不同。“神威·太湖之光”不仅运行速度位居世界前列，它的功耗节能能力也是世界领先，做到了能力与节能的综合性发展。这也从另一个侧面证明了中国已经成为超级计算强国。

第二节　大数据与人工智能，开启新时代

云计算，资源虚拟化的先锋

统一资源的云计算

云计算这个概念最近几年非常流行，大家在各种场合都能听到这个名词，但云计算到底是什么，很多人就说不清了。其实要理解这个概念并不难，我们来举一个现实生活当中的例子：在我国西北地区，很多地方都是严重缺水的，大部分家庭都建有水窖。下雨时，院子里和屋顶的水都会通过低矮的地势集中到水窖里。依靠这种方法最大限度增加水量。但是后来，大家觉得这种办法效率太低了，于是决定一起建一个水库，给各家装上水管。水库里的水能够被大家共享，于是大家都不再缺水了。

云计算和用户的关系，和水库与众人的关系是一样的：大家把资源进行统一管理，按需使用。水库就是“云”，水就是“计算”。用水库的方式供水也就是“云计算”。水库是一种基础建设，也是一种模式。它和水窖一样都能为人们提供储水和供水的基本功能。而云计算也是一样，可以为人们提供数据和计算的基本服务。

云计算是把计算这种资源统一收集到云端，让需要计算的用户按

需获取资源。所以云计算是一种思维、一种模式，而并不是一种具体的技术。

很多人不理解计算的意义，似乎觉得就是一大堆数学公式和枯燥乏味的数据，其实计算远不只这么简单，我们如今的生活每时每刻都离不开计算。比如，我们打开电视机，看到的电子照片、视频，那是电脑、摄像机的镜头对光感数据的计算结果；我们看到的微博、朋友圈是手机对网络数据的计算结果；我们玩的游戏，是游戏机对我们的操作及游戏规则的计算结果……所以，我们的生活中充斥着无数的计算资源，在现代社会，计算与水、电、食物一样，都已经是我们生活中不可或缺的部分了。

灵活、便捷、庞大的资源

“云”实际上是一个计算机集群，其中包括成百上千，甚至成千上万的电脑，它是一个虚拟的大型计算中心。进入云计算时代后，计算能力也可以像天然气、水和电力一样，作为一种商品流通，容易获得，成本低廉。

云计算最初的目标是对资源的管理，管理的主要内容是计算资源、网络资源、存储资源三个方面。统一管理这些资源有什么好处呢？举个例子，我要买台电脑，CPU 和内存就是电脑的计算资源，无线网卡就是网络资源，硬盘就是存储资源，云计算要管理的资源本质上和买电脑是一样的，只是规模更大、门类更多。

但个人买电脑时往往有这样的遗憾：我也许对电脑的要求很低，打个字，开几个简单的网页，能听听音乐就可以了，那么我可能只需要非常低的电脑硬件配置和一般速度的宽带就够了，但现在已经买不到这么低配置的电脑了，于是我只能买一个高配置的，但平时根本用不上，造成了资源浪费。如果以云计算的方式来分配资源，就非常灵活了，可以随时分配需要的资源份额，要多少都可以。我需要得少，那就分配得少，不会有浪费。而且在网络上随时随地都可以分配，不受地理环境和采购时间的限制，这就是云计算的灵活性。

虚拟化的云计算技术让不同客户的电脑看起来是隔离的，似乎这块云盘是你的，那块云盘是我的，但实际上，这些云盘都落在同一个存储器上。而如果事先物理设备都准备好，虚拟化软件虚拟出一个电脑是非常快的，分秒之间就能解决。所以在任何一个云上要创建一台电脑，鼠标一点就能实现，这就是便捷性和随时性。

虚拟出一台电脑很简单，速度也很快，但当用户不断增多时，需要的资源和进行分配的任务都会变得极为惊人，也就需要惊人数量的服务器，这时就需要有专门的机器进行调度，建立一个调度中心。无论用户需要多少 CPU、内存、硬盘的虚拟电脑，调度中心都会自动在云计算的总体资源里面，找一个能够满足用户需求的地方，把虚拟电脑启动起来做好配置，用户就直接能用了。当发展到这个阶段时，才是真正的云计算，在这之前都只能称为虚拟化运算。

云计算带来生活革命

与云计算配套的相关硬件设备包含什么东西呢？有半导体设备、显示器件、传感器件、处理器、存储器、中间件、操作系统、数据库、办公管理软件等这些电脑配件，之后通过云设备、通信设备和终端设备将信息传递到用户的手上。

而云计算真正给我们生活带来巨大改变的是以它为基础而形成的大数据、人工智能技术。那么大数据和人工智能可以参与到哪些领域当中呢？首先是可以参与到网络安全当中，确保用户在应用网络时的信息安全，在此基础上，实现万物互联、云计算服务和移动互联三大板块的功能。万物互联包括大方向上的智能家居、智慧农业、智能电网、智能制造、智慧物流，也包括技术层面的图像识别、智能驾驶、语音识别、机器人等。云计算服务可以带动工业大脑、医疗大脑和城市大脑的功能。移动互联则影响 4G/5G 网络、社交软件、互联网金融、电子商务和共享出行等。

大数据，引领发展大智慧

1400 万人的新希望

大家都知道我们国家的贵州省，地处大西南，位于云贵高原，遍地是山，所以有“八山一水一分田”的说法，全省有 92.5% 的面积是山地和丘陵。在层峦叠嶂的山区当中，风光旖旎，引人入胜，但也让多达 1400 万人走出大山变得困难，而山里的条件也不是很好，尤其是当有人患上比较严重的疾病时，就需要跋山涉水到大城市里看病，成本高，难度大，阻断了很多人的求医路。

但现在一切都好起来了，随着大数据的逐渐深入与普及，贵州依托大数据建立了远程医疗服务平台，确保群众看病“小病不出乡、大病不出县”，让越来越多的山乡群众在家门口就能看上病、看好病。让百姓们第一次对响彻耳边却又觉得极为遥远的大数据感到近在眼前。

依托大数据健康云，贵州将公立医疗机构的远程医疗服务平台延伸到每一个乡镇，并投资15亿元，为1500多家乡镇卫生院配备了相关设备，提高基层医疗服务能力。

现在，贵州全省有5000多名技术人员保障远程医疗服务平台的运行。“小病不出乡，大病不出县”，通过远程医疗，贵州县内的就诊率已经达到82%以上。很多偏远乡镇的农民就此结束了动辄坐几个小时汽车赶到市内，再用一两个小时排队见医生的历史。

远程医疗服务平台依靠的就是大数据的分享与远程提供，帮助乡镇卫生院和县医院的医生得到专业数据分享和支持，提高自己的医疗水平，那大数据这个我们总是能听到，但很多人都说不出所以然的东西到底是什么呢？

从数据到有智慧的大数据

大家也许不了解大数据，但说到数据，大家每天都在接触，看的新闻、图书，听的音乐、广播，都包含了很多数据，但数据未必是有用的，只有对数据进行筛选后提炼成信息，才是真正有意义的。而把很多信息总结归纳后，发现其中的规律，这些规律就称为知识。有了知识还不够，还要把知识用于实践，如果能够指导实践并做得很好，那就称得上是拥有了智慧。这就是数据应用的四个步骤：数据、信息、知识、智慧。

而从知识到智慧的阶段就是很多商家所需要的。比如，我收集了这么多的数据，能不能基于这些数据来帮我做下一步的决策，我的产品应该怎么改进，推出什么新品；怎么能让用户看视频时看到的弹出广告，恰好是他想买的商品；在用户听音乐时，另外推荐一些他非常想听的其他音乐。又比如，“双十一”到了，用户在我开发的APP上或网站上点开的网页、输入的文字对我来说都是数据，我就是要将其中某些东西提取出来，指导实践、形成智慧，让用户陷入我提供的购物天地里，且购物总是意犹未尽。

那么具体应该怎么来完成从数据到智慧的过程呢？第一步当然是数据收集，然后是数据抓取（比如使用搜索引擎）和整理，随后是数据存储，接下来是处理和分析，最后是数据的检索和挖掘，解析数据的内在联系，分析未来变化趋势。这才是人们所需要的。

当数据量很少时，很少的几台机器就能解决。慢慢地，当数据量越来越大，普通的服务器根本处理不了，而如果购入巨大的服务器，成本就太高了，所以就需要大家把资源进行统一管理，按需使用，并能在极短的时间内完成调配和分析。这么一说，有没有感觉很眼熟？对，就是前面介绍的云计算。实际上，云计算和大数据是紧密结合在一起的，一个提供平台，一个提供内容，缺了谁都不行。

那么介绍了这么多，大数据的内涵特点也就明确了，就是海量的数据规模、快速的数据流转、动态的数据体系、多样的数据类型、巨大的数据价值。

打造“数字中国”

党的十九大提出：“建设数字中国。”大数据和云计算都是数字中国的重要组成部分，那么大数据到底能给我们带来什么呢？举一个最常见的例子，过去的共享单车借车和还车都是有停车桩的，要把车锁在停车桩上才算是完成整个过程。现在有了二维码和GPS定位，通过数据传输就可以完成借车和还车，这就是大数据对生活起到影响的一个小缩影。还有我们每天都在用的扫码支付、二维码扫一扫加好友，都是大数据带来的便捷。

我们的衣食住行也都可以因数据而改变。比如，现在一些农产品都有二维码，扫一下就能追溯它的产地、上市时间、施用肥料情况等，确保它的营养价值。我们外出旅游时，下载一个旅游程序，就可以在线了解整个行程中的所有信息，在线订酒店，了解景区，也可以"一键投诉"那些不良商家，政府也随之配套建立起一整套投诉处理机制，可以迅速跟踪进度，做好后期处理。

除了日常生活，大数据也为企业带来无限商机，依靠大数据支持，企业决策者可以了解行业的最新动态，了解消费者需求，及时调整产业结构，以便抓住更多的商机。

政府也可以依靠大数据推出更多的便民举措，百姓足不出户就可以办理很多事情，像上面提到的贵州依靠大数据建立远程医疗平台的例子已经在全国遍地开花。

人工智能，懂人心的技术

教会机器懂人心

有了云计算和大数据，我们可以依靠它们做到很多的事情，使用搜索引擎就是其中之一，我们用它可以获得大量的信息，但我们也都遇到过这种情况：自己无法特别明确地说出想要的东西到底是什么样的；或者搜索出来的东西并不是我真正想要的东西，但我不知道怎样才能让搜索引擎修正它的搜索方式。就像我们依靠计算机轻松计算出天文数字的数据，但如果让计算机来弄懂这样一段话，恐怕就很难了：

小明的妈妈对他说："我等着你这次考试出成绩，你要是考砸了，你等着！"

但我们也有另外一种经历，我们用音乐软件听歌，后来软件自动向我推荐了一首歌，这首歌我从没听过，也不知道名字，但是软件的确把它推荐给我了，而且我确实喜欢，这就是单纯靠搜索做不到的事。当人们使用这种应用时，会发现机器知道我想要什么，而不是说当我想要时，去机器里面搜索。这个机器真像我的朋友一样懂我，这就有一些人工智能的感觉了。换句话说，所谓人工智能，就是教会机器懂人心的技术。

为了实现人工智能，人们开始进行各种尝试，最开始人们尝试灌输更多的知识给机器，但人们的很多知识和习惯，并不是完全符合逻辑的，或是很难总结出来的，很难完全让机器弄懂，所以这种办法并不好。

后来人们尝试教会机器进行自主学习，但谁能够教机器学习，相关的知识又怎么教给没有大脑的电脑呢？其实就像在大数据那一节提到的，有了足够的有用数据，经过严格的归纳总结后，是可以产生智慧的，所以现代人工智能是要以大数据和云计算为基础的。人们把足够多的有用数据和智能程序输给机器，使其拥有一定的智能。

给医疗、工业以“大脑”

人工智能（Artificial Intelligence），英文缩写为AI。它是研究、开发用于模拟、延伸和扩展人的智能的理论、方法、技术及应用系统的一门新的技术科学。人工智能是计算机科学的一个分支，它企图了解智能的实质，并生产出一种新的能以与人类智能相似的方式做出反应的智能机器，我们日常用到的扫地机器人、手机语音识别、门禁人脸识别、自然语言处理和专家系统等，都是人工智能的一部分。

在这个数字化的时代里，人工智能除了影响我们日常生活外，还会给这个社会带来怎样的变革呢？

2017年3月29日，阿里云发布了人工智能技术的ET医疗大脑和ET工业大脑，同期发布的还有用可视化的拖拽方式让开发者使用人工智能技术的机器学习平台PAI2.0。

ET医疗大脑：阿里云在现场演示了医疗大脑如何辅助医生判断甲状腺结节点，大屏幕上投出的视频演示显示ET通过计算机视觉技术，在甲状腺B超影像上圈出结节点，并给出良性或者恶性的判断。

医学大脑是给医院配备一位24小时不休息的“实习医生”。现代医学诊断离不开医疗影像（X光片、CT检查、彩超等），很多影像都是以数字化的模式呈现，这样就给了人工智能以分析数据，跟医生学习如何“看”B超结果，并给出初步判断的机会。

用大量医学数据来“训练”机器是医疗人工智能的核心，深度学习技术已经让机器在“看”“听”“说”等方面的准确率大幅提升。云计算的普及成为这些技术突破的关键性因素。

ET的“实习总结”不但为医生减轻了工作负荷，诊断的准确率也超出了人类医生的平均水平。大数据显示，人类医生的平均准确率为60%—70%，而ET的准确率已经达到85%。

当然，这并不是说人工智能已经可以取代医生，ET做出的初步诊断会由医生再做核查，医生也可以为ET注入新的知识，让ET更加智能——ET也是在不断学习进步的。

ET工业大脑：如果制造业可以整体提升1%的良品率，按2018年全国工业总产值计算，这将为中国制造总体提升上万亿的利润空间。

工业大脑就是希望让工业生产线上的机器拥有智能大脑，目前ET工业大脑已经在流程制造的数据化控制、生产线的升级换代、工艺改良、设备故障预测等方面开展工作。ET的目标是成为一个不断吸收专业知识的“大脑”，可以指挥各种类型的工业躯体。换句话说，就是用21世纪的机器智能，帮助人类更好地指挥20世纪的机器。

除此之外，还有城市大脑，我们会在后面加以介绍。

预测数据的机器学习

开发人工智能的最终目的是让机器成为人类的助手，而不是竞争者。而好的助手应当真正学会自主学习，而不是单纯接受人类灌输的知识和程序，让人工智能这门复杂而前沿的科学变得更加通用，为“万物智能”提供基础设施和智能引擎。

为了达到这一目标，人们开发出了机器学习技术，机器学习这个概念好像很陌生，但我们在日常生活里其实已经接触过很多次了：用过iPhone的人都用过语音助手Siri，它能帮你打电话、查天气；女孩子喜爱的美颜相机，能自动美化照片；网购时，网页上会有一栏“猜你喜欢”；新闻客户端会推送你喜欢类型的新闻……这些功能其实都是以机器学习技术为基础的。

机器学习研究的是计算机怎样才能模拟人类的学习行为，以获取新的知识或技能，并重新组织已有的知识结构使之不断完善自身。说得更直白一些，就是计算机从数据中学习出规律和模式，以应用在新数据上做预测的任务。

也就是说机器学习是以研究数据为基础的，然后把研究的成果以数据的形式表现出来，并对未来可能会出现的数据进行预测和分析，所以才有了上面说到的这些功能，而且在现在，一些城市开始尝试用机器学习来预测天气，已经取得了不错的成果。

介绍完云计算、大数据、人工智能和机器学习后，我们最后来总结一下这四者之间的关系：如果用武侠小说的说法来做比喻，云计算和大数据合在一起就是内力，是决定本领高低的最根本要素；机器学习则是内功心法，决定了我们如何运用内力；而人工智能则是外在的拳脚功夫，是武林高手彰显于外的最直观形式。

第三节　数据与网络，改变这个时代

5G 在中国，特殊的变革

不难理解的 5G 通信

我们经常说现在已经进入了 4G 时代、5G 时代，并且每天都在享受着不断提速的网络通信带来的各种便利，但是要说到底什么是 5G，它和 4G 有什么区别，恐怕知道的人就不多了。那么我们就来介绍一下 5G 的内涵：5G 其实就是第五代移动通信技术的简称。那么移动通信技术又是什么呢？第五代和前四代有什么区别呢？这就要从移动通信的本质说起了。

通信技术不管怎么发展，都可以分为两种——有线通信和无线通信。如果是在实物上传播，就是有线通信，必须借助铜线、光纤这些线缆传递信号。有线通信的优点就是数据传输速度非常快，效率远超无线通信，但缺点是受地形和器材的影响非常大。

无线通信就是依靠电磁波在空气中传播来达到传输数据的目的，但现在的 4G 网络的速率只有有线通信的几百分之一，效率是比较差的，但如果能发展到 5G，那么它的传输效率就能够有一个很大的提升了。

电磁波的功能特性，是由它的频率决定的。不同频率的电磁波，有不同的属性特点，随着1G到4G的发展，使用的电波频率是越来越高的。频率越高，能使用的频率资源越丰富，能够实现的传输速率也就越高。这也是1G到5G最主要的变化。

既然频率越高越好，为什么过去不用高频率呢？因为电磁波的主要特点就是频率越高，波长也就越短，遇到障碍物时也就越容易被阻挡。尤其是在城市和山区当中，障碍物过多，频率如果太高，通信也就越困难。解决的办法一种是降低频率，通过牺牲性能来换取通信质量。另一种是保持高频率的同时，建立很多的基站，这样就能避免障碍物的影响，可是建立大量基站会导致成本暴涨，经济上承担不起。所以在过去，人们只好选择第一种办法。

随着科技的进步和发展，建基站的成本越来越低，性能越来越好，而且体积可以非常小，微型基站由此产生，这样一来，大量建立微型基站在技术上和经济成本上都变得可行了，因此从2G到5G逐渐成为现实，频率越来越高，通信效率也就越来越高了。

改变的不只是速度

很多人觉得4G变为5G，区别无非就是上网速度更快了，仅此而已。其实这是一种误解，上网速度更快只是最简单的改变，5G将深刻地影响到娱乐、制造、汽车、能源、医疗、交通、教育、养老等几十个行业。从根本上来说，5G改变的是无线通信所能承载的信息量，和多个微型基站带来的信号稳定和持续性。所以更庞大的信息量和更稳定的信号，将会刺激更多新发明的出现。

5G 自动驾驶：自动驾驶车辆早在 2012 年就已经实现了，但“安全风险大”的评价总是限制着它的发展。但等 5G 通信技术成熟后，它拥有的巨大带宽容量和几乎不存在信号延迟的特性，将真正确保无人驾驶汽车的安全性。在未来，无人驾驶汽车的普及将成为现实。

5G 智能工厂：新型智能机器人可以通过无线网络进行分工协作，快速地根据需求组装多种不同产品。越来越多的制造企业期望通过 5G 技术来实现超低延迟、高带宽和可靠的通信，从而打造真正的智能工厂。

5G 无人机物流：物流行业将 5G 通信技术和无人机看作是最好的“搭档”。在 5G 时代之前，无人机只是以娱乐为主，还经常被认为是不安全的东西。而 5G 技术使得无人机的应用范围不断拓展。5G 物流无人机应用将迅速推广开来，进一步提升快递速度和可靠性。目前，杭州市已经计划建立覆盖全市的 5G 无人机城域网络，为智慧物流提供无人机送货方案，我们相信在不久的将来，无人机送货到家将成为现实。

5G 远程医疗：乡村地区地处偏远，过去很难搭建好的数字网络，使得远程医疗难以实践。在未来，基于 5G 技术的网络远程医疗，将为农村的医疗模式带来深层次变革。

5G 智慧农业：利用 5G 高速网络及多种传感器，可以随时监控土壤的湿度、温度、肥力等各种影响农作物产量的因素，并做出实时处理，从而提高农作物的产量。

此外，虚拟现实、增强现实、VR 全景直播、智慧园区、儿童安全、远程教育、智慧家居、紧急救护都能依靠 5G 技术而大放异彩，拥有全新的发展前景。所以5G将是带给生活全新定位的革命性技术。

人工智能机器人。摄于辽宁省科学技术馆

领跑5G时代的中国

正因为5G时代是如此吸引人，而又蕴藏着巨大的商机，因此当今世界主要国家都在抓紧发展5G通信，而中国通信业无论是在5G的标准立项、系统设备，还是在使用终端方面，都已经是世界的领跑者。2014年6月，中国中兴在世界上首次提出5G概念，这是中国首次引领概念发展，我国在通信界的话语权通过5G领域得到进一步加强。

近年来，中国在5G方面投入巨大，并提出了“5G领跑全球”的目标。而作为中国通信设备商二巨头，华为、中兴在全球5G领域扮演着越发重要的角色。仅在2017年，华为、中兴就在5G领域取得了多项重要突破。

现在世界范围内的5G标准通信的立项中，中国21项、美国9项、欧洲14项、日本4项、韩国2项。中国在整个标准体系的制定过程中扮演了极为重要的角色。

在系统设备商中，华为名列世界第一，在全世界 176 个国家和地区进行过网络建设，系统能力非常强大。中兴名列世界第四，此外还有信科集团等大量的企业集群。华为目前已向全球 66 个国家供应 1 万多个基站的零部件等。中兴也开始与荷兰通信运营商 KPN 开始 5G 技术实证实验。在使用终端方面，目前中国的智能手机品牌在全球十大手机品牌中占据七个席位，而且还在不断向海外拓展。

在 5G 通信的发展上，在系统设备能力方面，中国是强大的一个群体；在综合实力方面，中国也是遥遥领先的。相信在未来的通信业发展过程中，中国能够带给世界更多的惊喜。

智慧城市，人工智能的绚丽之舞

智慧城市的代表——杭州

杭州是一座拥有千年历史的古城，自古以来，杭州就是光辉灿烂文明的代名词。“江南忆，最忆是杭州”代表着人们对杭州最殷切的向往。而在今天，杭州已经变为全球领先的数字化城市样本。杭州市政府联合阿里云等企业建设的杭州城市大脑 2.0 版正式发布。仅一年时间，城市大脑已成为杭州新基础设施：管辖范围扩大 28 倍，覆盖全城 420 平方千米的范围，相当于 65 个西湖的面积。通过交警手持的移动终端，城市大脑实时指挥 200 多名交警，杭州的交通拥堵率从 2016 年的全国第 5 名，降到 2018 年的第 57 名。今天的杭州，正在向着“移动支付之城”“移动办事之城”“智慧医疗之城”的目标稳步迈进。

如今在杭州，出门办事“最多跑一次”，全市 59 个政府部门的 368.32 亿条信息都汇聚在政务服务平台上，市民只要靠一张身份证就可以办理 296 项事务。

超过 95%的超市、便利店，超过 98%的出租车，5000 多辆公交车都能够实现移动支付，同时智慧医疗让近 7000 万人次在杭州市属医院看病时间平均缩短 2 小时以上。成千上万的摊贩、店主无须记账，去银行；跑航运、港运、路运的师傅不再需要办理不计其数的证件；法院审理一些民事案件无须原被告到场，甚至不需要书记员；创业公司也不再需要自己搭建服务器、数据中心，每天可能只需几十块钱就可以享受跟大公司一样的云计算服务。

智慧城市带来了什么

智慧城市满足了信息时代的现代城市对未来的所有想象，使其更加宜居宜业，更加富有活力，更加具有吸引力和竞争力。智慧城市也是一种发展模式，它通过对新技术的应用，促进多方参与，优化资源配置，提升生产效率，用更少的资源创造更多的价值。

智慧城市是一个需要多方参与的开放平台，涵盖政府、企业、研究机构，乃至普通市民，都要参与到智慧城市的建设过程中。光是这么解说，似乎很难理解，那么我们就来说得简单易懂一些。概括说来，新型智慧城市就是“1 + N”生态的不断扩大。所谓“1”就是城市当中开放的信息环境，目标是“让数据多跑腿，让群众少跑路”。而 N

就是满足市民在日常生活中方方面面的需求。“1 + N”就是市民在一个 APP 上就可以解决衣食住行、生活缴费、政务办理、信息查询等多重功能，把政务服务“装在手机、放进口袋”，开启智慧城区的便捷生活。

而这么便捷的功能，只要通过人脸识别、材料上传等简单几个程序就可以实现。这就是中国电科研发的公共服务平台。公共服务平台运用大数据、人工智能等技术手段，集成各种惠民利企的轻应用服务，通过“一个窗”“一个号”提供交互一体化全程智能场景式服务，实现民生需求和供给的精准对接。公共服务平台为中国电科推进新型智慧城市“1 + N”建设中“N”个应用系统之一，目前已经在深圳市福田区应用。从社会民生、城市部件、城市交通、公共安全、治理事件、宏观经济、城市环境等七个方面的系统接入、数据汇聚实现对城市运行状态的全面监测，把控城市的状态，目前已经接入了 50 多个不同政府部门的系统，并将这些系统分散在不同的维度，通过各个政府部门已有的信息化系统，能够实现对城市的运行监测。城市运行监测平台是从微观的角度，如城市部件、公共设施等方面，展现深圳市的城市运行态势、综合信息以及专题服务。

走向世界的中国“智慧”

建造智慧城市，推广中国数字化技术的浪潮不但席卷了国内，以阿里云为代表的中国科技企业也开始走向海外，正在改变国际社会对中国的认知。国际社会已经将目光转向中国科技带来的数字化转型上，科技领域的“中国方案”开始受到广泛的关注。中国技术走向世界不但可以为中国企业铺好“数字丝绸之路”，也能为当地经济增长带去新动能。

中国数字科技企业在中东，正在和有“中东 MIT”之称的哈利法大学，共同探索解决能源领域的重大前沿问题；在传统工业大国德国，和世界知名的企业管理方案供应商 SAP 扩展全球合作伙伴关系，为全球企业提供更好的数字化转型解决方案；在非洲，正在和肯尼亚政府打造智能野生动物保护平台，保护更多珍稀动物；在奥运领域，正在和奥运转播服务公司打造奥林匹克转播新方式，用视频云技术，让更多的偏远地区可以用更智能的方式观看奥运比赛视频；在马来西亚，城市大脑在杭州率先推广成功的特种车辆优先调度方案被吉隆坡引入，测试显示救护车到达现场的时间缩短了 48.9%。

中国已经成为全球数字化转型的试验场，100 年多前，英国向世界输出了地铁，法国输出了下水道，美国输出了电网。今天，中国正在向世界贡献数字化城市方案。

网络制造，工业快车道

追上时代的步伐

现代社会的生活节奏越来越快，时尚流行的风格也变得越来越快，时常逛街的女士们有时不免惊叹于追不上时尚发展的脚步，而对于很多服装制造商来说，过快变更的流行风尚其实是很让人头疼的。一位服装厂的老板坦陈：“时装代表着小到个人、大到时代的个性，每个人都能赋予一件衣服时代感。时装不是秘密，但时间、流行风尚、面料、辅料、装饰、造型、色彩、纹样、缀饰，任何一样都随时可能出现变化创新，如果跟不上这个快速发展的节奏，可能用不了几年，我的工厂就会倒闭。”

尤其是一些高档品牌发布每一季新品之前，都会进行大量的调研，主打颜色、款式甚至是型号，都不是简单的裁剪那么简单。要想在时代的大潮下不被淘汰，就得时刻跟紧新潮流。想要时刻跟紧并不容易，但现在有了云计算和大数据，服装厂再开工就可以有的放矢了。结合工业互联网对云计算和大数据平台的要求，能够实现工厂已有系统和数据中心的整合。如果通过互联网和物联网实现整个社会制造资源的互通共享，社会需要什么样的资源，百姓需要什么样的款式，就可以一目了然。消费者甚至可以在线上对制造厂商提出个性化需求，制造厂商依据需求完成定制化服务。

而当某一款布料销售火爆时，服装厂可以监测到厂商的物料实时状况、出货情况，及时对订单进行调整，避免库存积压，或退换货带来的损失。建立制造业产业链上下游信息协同，有了大数据的支持，之前这些老板对于落后于时代的日常担心也就不复存在了。

从制造到创造

网络制造，也可称为智能制造，到底应该是什么样子呢？就是制造业与物联网平台、云支付平台乃至互联网云技术链接起来，构建出来的网络制造新产业，基本特点就是网络化、智能化。

“互联网加制造业”就是网络制造，当前中国制造业正在发生从

“Made in China”（中国制造）到“Made in Internet”（网络制造）的深刻变革，在这个意义上，全球制造业与互联网（泛指网络、大数据、人工智能等信息化）融合是未来的必然趋势。

未来的30年里，智能技术将深入社会的方方面面，改变传统制造业、服务业，改变教育、医疗领域，我们所有的日常生活都将离不开网络制造。但并不是说未来是互联网公司的天下，而是用好互联网、用好智能技术的公司能够做到最好最强。制造业将来最成功的是基于网络的网络制造。

网络制造的前提是必须利用好大数据、云计算、物联网去实现按需定制。跟互联网结合起来，跟市场结合起来，围绕着消费者的需求进行发展。

将来，制造业和服务业不再是泾渭分明的，网络制造将会是制造业和服务业的完美结合，未来没有纯制造业，也没有纯服务业，制造业必然具备服务业的特征。网络制造不再是标准化和规模化的生产，而是展现出个性化、定制化、智能化的新特点。过去是以制造为中心，未来则以创造为中心。

神奇的网络制造

介绍了这么多，网络制造具体是怎么实现的呢？我们来举一个例子：飞机生产制造是当今时代最复杂的制造工业之一，一架大型飞机有几百万个零部件，飞机整体需要经过产品设计、生产规划、制造工程、生产执行和售后服务等多个阶段，而且每一个零部件也要经历这个过程。现在随着工业生产的国际化，一架飞机的零部件可能是由十几个国家分别生产的，最后运到一起组装起来。在这么复杂的过程中，只要任何一个阶段出了问题，飞机到最后可能就无法组装。这样一来，管理协调工作就变得非常重要了。但要想没有错误，即使企业内部有一些管理系统，也是碎片化的，很难完全协调生产的全过程。

而到了网络制造时代，数字化工厂的解决方案其实很简单，就是提供了一个底层数据库，然后把生产过程中涉及的所有系统，包括研发、生产、制造、服务都容纳进去，构成一幅拼图。

在整个生产的过程中，从产品设计开始，研发部门把设计产品的元器件清单、组装图、测试条件这些信息都输入这个数据库；随后生产规划部门继续输入如何把产品生产出来的数据，如工艺流程、质量标准等；紧接着，制造工程部门，要对生产机床进行编程，各种自动化组态、程序调试，把制造环节的数据进一步扩大……此后的环节以此类推，直到流程的最后环节，这个数据模型也会越来越大，它从始至终都是在一个数据库中不断扩展起来的。也就是说，过去的制造模式是各干各的，打个比方，犹如每个环节都画一张图纸，然后根据统一的标准把图纸拼接到一起。到了网络制造时代，大家都在同一张图纸上作画，一笔一笔添上去，大家齐头并进、共同完成，并且无缝对接，没有了拼接环节，也就不再担心出现纰漏。而刚才说到的最终形成的这个数据模型就是虚拟工厂，当虚拟工厂和真实工厂实现了互动和同步，数字化工厂就彻底形成了，网络制造也就化为了现实。

如果觉得生产飞机离日常生活太远了，那么我们再用一个日常用品来解释。假如，我们要生产一个手机的塑料保护壳，传统制造业怎么来做呢？第一步对外壳进行设计，设计完之后要设计模具，之后还要做出一个真实的模具，接着再对模具注塑，最后才能生产出塑料外壳。那么数字化工厂怎么做呢？还是先进行外壳设计，之后直接生成数控机床程序，程序直接输入到加工机床中，加工机床直接做出外壳，速度快、成本低、精度高，这就是网络制造的好处。

第六章 6

空间超越：远瞩星空，飞渡银河

第一节　人造卫星，飞翔在浩瀚的宇宙

“东方红一号”，中国卫星零的突破

世界上最美妙的乐曲

“东方红，太阳升，中国出了个毛泽东，他为人民谋幸福，他是人民大救星。”当澄澈的电子音乐响彻太空时，无数人在地面守着收音机激动得泪流满面。而到了夜晚，更是万人空巷，无数人来到空旷的地方，在浩瀚的夜空当中寻找那一点闪耀着金光的身影，乐此不疲直到深夜。

这就是我国第一颗人造地球卫星“东方红一号”升空后，全国人民欣喜若狂，争相去聆听卫星传来的音乐，在夜空中耐心搜寻卫星身影的盛况。

“东方红一号”卫星的发射成功，使中国成为世界上继苏联、美国、法国和日本之后，第五个完全依靠自己的力量成功发射人造地球卫星的国家。从此中国正式加入了“太空俱乐部”。

艰难困苦，玉汝于成

“东方红一号”卫星重量为173千克，主体直径约1米，别看这颗卫星在今天看来似乎是小了一些，轻了一点，但在当时，它要比美国和苏联的第一颗卫星加起来还要重。它在外观上是一个 72 面体的近似球形，主体外面有 4 根用于发射信号的拉管式天线。它在运行的时候会一闪一闪地反射阳光，在有阳光直射的情况下，这颗卫星是有可能被地面上的人看见的。

当时为它设计的运行轨道是大椭圆形，近地点为 439 千米，远地点达 2384 千米。火箭将“东方红一号”送到太空后，它就可以永远保持飞行状态，而且是匀速前进绕着地球画椭圆。

卫星上采用银锌蓄电池做电源，以转速为 120 转 / 分的自旋稳定方式飞行，每 114 分钟可以绕地球飞行一周，卫星上装有乐曲《东方红》旋律的发音装置，设计工作寿命 20 天（实际工作 28 天）。除了播放乐曲，还会同时进行卫星技术试验、探测电离层和大气密度。为后来的

中国卫星模型。摄于辽宁省科学技术馆

卫星发射积累经验。

卫星发射三级跳

中国在20世纪70至80年代在卫星发射方面制定了三级跳的任务：成功实现第一颗人造地球卫星的发射，成功发射返回式卫星，还有实现一箭多星。

“东方红一号”卫星成功发射，使我们国家完成了第一跳，并且在多国引起了强烈反响，中国也建立起了一个比较完善和健全的航天科学技术研究、设计、试验、制造，及质量保障和管理体系。

返回式卫星，是在轨道上完成任务后，有部分部件会返回地面的人造卫星。返回式卫星的主要用途是照相。相对于航空照片，卫星照片的视野更广阔、效率更高。早期由于技术限制，必须利用底片才能拍摄出高清晰度的照片，因此必须让卫星带着底片或用回收筒将底片送回地面进行冲洗和分析。我国在1975年11月26日成功发射返回式卫星，成为全世界第三个拥有返回式卫星技术的国家。现在因为技术进步，已经可以直接从卫星上传送影像数据到地面，所以现在返回式卫星又演变为回收实验品的空间试验室。

一箭多星就是一枚运载火箭同时或先后将数颗卫星送入地球轨道的技术。一箭多星一方面可以将经济效益最大化，节省资源。同时，一箭多星也是导弹装载分导式弹头技术的基础，在军事上也有重要意义。1981年9月20日，中国成功地用一枚运载火箭同时把3颗卫星送入地球轨道，至此，三级跳任务胜利完成。

量子通信卫星，唯独中国存在

薛定谔的猫和量子通信

多数人都不大理解量子通信和与量子相关的科学道理，不过很多人都听说过在网上被戏称为“虐猫狂魔”的薛定谔所提出的“薛定谔的猫”的故事：薛定谔假设在一个封闭的盒子里放入放射性元素和毒气瓶，还有一只猫，当放射性元素衰变时，会触发毒气瓶释放毒气，猫会被瞬间毒死。因为放射性元素虽然一定会衰变，但具体何时会衰变是无法预知的，所以在打开盒子之前，猫可能是活着的，也可能已经死了，也就是说猫处于生死叠加的状态。当你观察到猫时，才能确定其生死，不观察时这只猫是既生又死的。

这看似荒唐而又违背逻辑的问题，其实间接阐释了量子世界的一个特殊性质，那么什么是量子呢？量子是不可再分割的最小能量单位，量子通信中重要的“光量子”就是光的最小单位。在奇特的量子世界里，量子存在一种奇妙的“纠缠”运动状态，就像薛定谔的猫一样，没人观察时，量子的状态是有多种可能的，只有人们在观察时，才知道粒子的样子和状态。但在物理学上，每一次对纠缠光子的观测都会破坏其原本的状态，就好比一个孩子吃冰淇淋，他必须尝一口才知道它的味道。但当他品尝时，冰淇淋就已经发生了改变，不再是之前的冰淇淋了。

正因为这种量子纠缠的特性，决定了量子通信的绝对保密性，也就是用量子信号发送信息时，任何试图窥探这一信息的行为都会导致量子出现改变，使得信息失真，也就没有办法获取真实的信息，因此在理论上，量子通信是绝对保险的，是无法被破译的信息传输方式。

只有拥有彼此纠缠的量子的双方，才能获取真实的信息，就好比拥有超能力的两个人彼此心意相通，就算远隔千里，也能知道彼此的想法，而旁人没法理解他们传递信息的方式，只能干瞪眼。

当然，量子通信说起来似乎简单，但要做到却极度困难，量子物理学发展历史不过百年，存在着无尽的谜团，还有很多亟待解决的问题和假说。那么，将量子通信实用化，并运用到卫星上，就成了一件非常伟大的事情，也是当今世界的尖端科技，而第一个做到这一点的国家，就是我们的祖国。

开启量子通信新时代

我国的“墨子”号量子科学实验卫星于2016年8月16日1时40分，在酒泉用“长征二号”丁型运载火箭成功发射升空。此次发射任务的圆满成功，标志着我国空间科学研究又迈出重要一步。

首颗量子通信卫星为什么要以我国古代思想家、科学家墨子的名字来命名呢？在2000多年前，墨子在人类历史上第一次对光沿直线传播进行了科学解释——这在光学当中是极为重要的原理，为量子通信的发展打下一定基础。光量子学实验卫星以先贤墨子命名，也是中国文化自信的体现。

在世界各国研发量子通信的过程中，中国属于后来者，但发展极为迅速，如今已跻身国际一流的量子信息研究行列，在量子通信技术方面已经走在世界前列。我国已建设完成合肥、济南等规模化量子通信城域网，“京沪干线”大尺度光纤量子通信骨干网也接近竣工。但要实现远距离乃至全球范围内的量子通信，只靠光纤量子通信技术还是不够的。

因为光纤量子通信基本只能在短距离进行，超过 100 千米就难以继续，而光量子通信穿透整个大气层后还可以保留 80% 左右，再利用卫星中转，可实现地面相距数千千米间的、甚至覆盖全球的广域量子保密通信。

但研究量子通信技术是非常困难的，要做到量子通信，首先要制备出单个的光量子。有人也许会说能发光的东西很多啊。是的，能发光的东西很多，但关键是它们制造的光量子太多了。一个 15 瓦的灯泡每秒辐射出的光量子数量就达到 100 亿亿个，实现单个光量子的制备，就好比在这天文数字般的光量子发射出来的瞬间，捕捉其中的一个，技术难度实在巨大。另一个难题是单个光子的探测。单个光子是光能量的最小单元，能量极小，探测设备必须极为灵敏才行，这就对仪器设计水平和工业制造水平提出了巨大挑战。

捕捉并探测到单个量子之后，除了可以实现绝对安全的通信外，还能带来计算能力的飞跃，前提是要把一个个的量子纠缠起来，而计算能力的飞跃达到一定程度，就能实现量子计算机制造。当然量子计算机目前还在进一步的研制当中，但相信在未来一定可以成功。量子计算机的计算能力有多强大呢？如果把量子计算机比作大学教授，现在的超级计算机就只是幼儿园的小孩子。

而一旦量子计算机被发明出来，就足以在短时间内破译现在的任何密码。而唯一能够避免被破译的方法，就是量子通信，因此量子科技是一柄双刃剑，既是机遇又是挑战。

量子通信，可以从三方面保障信息安全：第一，发送者和接收者间的信息交互是安全的，不会被窃听或盗取。第二，“主仆”身份自动确认，只有主人才有权使唤“仆人”，而其他人无法指挥“仆人”。第三，一旦发送者和接收者之间传递的信息被篡改，使用者马上就会得知。

不过很多人在了解了一些关于量子通信的皮毛后，误认为是量子通信证明空间传输物体已经可行，其实现在只能传递一组信息，还不能传递实物。但这已经是非常巨大的科技进步。

中国发射了量子通信卫星，说明我国在打造坚不可摧的通信系统方面已经铺平了道路。量子科学实验卫星不仅是科研项目，也意味着中国将成为全球量子通信技术的领头羊，为中国继续扩大国际影响力奠定坚实的基础。

“墨子”号的成功发射，使我国在世界上首次成功实现卫星和地面之间的量子通信，是构建天地一体化的量子保密通信与科学实验体系的开端。

前景无限的光量子计算机

量子技术绝不是只能用于通信，而是有着更加广阔的应用空间，而最受世人关注、被认为会给世界带来最大影响的还是光量子计算机。光量子计算机有什么特别呢？假设给我们100万本书，让我们完全靠人力找出这些书里所有的“人”字，我们的唯一办法就是一本接一本地逐页去找，而如果换成传统的计算机，用的方法也是如此，但因为计算机超强的计算能力，所以速度远超人力。如果换成光量子计算机来做，则是利用量子技术和量子纠缠原理，犹如会分身术一样，分成相当于 100 万个传统计算机，每一个查找一本书，最后把查找得到的数据汇总得出结果，也就是说速度至少是传统计算机的 100 万倍。

这样的计算机当然是每一个科研工作者梦寐以求的，不过长期以来光量子计算机只存在于理论当中，人们无力将其化为现实。但在 2017 年 5 月 3 日，中国科学技术大学教授、中国科学院院士潘建伟，在上海宣布制造了世界首台性能超越早期传统计算机的光量子计算机，实现 10 个超导量子比特纠缠，在操纵质量上也是全球领先。这是中国人在计算机发展史上实现的一次重大跨越！

目前，我们制造的光量子计算机虽然还无法拥有理论上那样强大的功能，但已经拉开了光量子计算技术新时代的序幕。

中国的北斗，世界的导航

导航，来自太空的指引

有一句歌词是这样唱的：“月亮走，我也走。”其实导航，就是星星伴人走。不过，这里的星星，是人们发射到太空的人造卫星。众所周知，美国为了构建 GPS 卫星导航系统，前后共发射了 24 颗卫星。这些卫星环绕地球组成了一个巨大的卫星网络，能够确保地球上近乎所有地区都至少接收到 4 颗卫星的信号，然后通过信号的转换，就可以获取导航信息了。

为什么需要同时接受到4颗卫星的信号呢？那是因为我们生活在由长、宽、高三维组成的立体空间世界里，其中有3颗卫星的任务是去分别定位这3个维度的，3个维度综合起来就能准确定位我们的位置。那么另外一个卫星去干什么呢？要知道我们是生活在时间当中的，不同卫星之间的信号是有时间差的，第四颗卫星就是用来消除时间差，使得导航精准无误。

现在我们的日常生活越来越离不开导航系统的帮助。无论是出行时不知道怎样到达目的地，还是地下管道的维修、汽车出现事故时的自动报警和定位，抑或是在苍茫的大海上遇到险情，导航系统都能帮人们及时走出困境，带来了很多便利，避免了很多的悲剧。我们的生活因导航而不断变化、更加精彩，而这些导航信息都是来自4颗卫星的信号综合处理。

当今世界上，存在着多套导航系统，如美国的GPS导航系统、俄罗斯的格洛纳斯导航系统、欧盟的伽利略导航系统等，当然还有我们国家的北斗导航系统。

北斗，心系天下的星光

中国北斗卫星导航系统是我国自行研制的全球卫星导航系统。北斗卫星导航系统可以在全球范围内全天候、全天时为用户提供高精度、高可靠定位、导航、授时服务等，而且现在已经具备可以在亚太地区全面进行导航、定位和授时的能力，定位精度10米，测速精度0.2米/秒，授时精度10纳秒，和美国的GPS系统的精度基本相当。2020年，北斗导航已经覆盖全球。

为什么中国要建立自己的卫星导航系统呢？世界各国开发导航系统的目的，都是在和平时期可以民用，为交通等方面提供导航服务；军事演习和战争爆发时，可以为各种武器提供制导，引导制导导弹、炸弹精准打击目标。而中国如果完全依赖国外的卫星导航，一旦战争爆发，敌人关闭了给我国的导航服务，中国的卫星制导武器将无任何用武之地。这就等于自己的命脉掌控在别人的手里，是非常可怕的。所以，中国必须有自己的卫星导航系统，这样才能不受制于人，保障国家安全，同时能在全球卫星导航的市场份额中占一席之地，分一杯羹。

北斗卫星导航系统具有开放性的特点。北斗卫星导航系统的建设、发展和应用将会对全世界开放，为全球用户提供高质量的免费服务，积极与世界各国开展广泛而深入的交流与合作，促进各卫星导航系统间的兼容与互助，推动卫星导航技术与产业的发展。

此外，北斗导航系统还有自主性。中国将自主建设和运行北斗卫星导航系统，北斗卫星导航系统可独立为全球用户提供服务。

为了建立自己的卫星导航系统，中国先后分三批发射了 40 多颗卫星。第一批被称为北斗卫星导航试验系统，也叫“北斗一号”导航系统，是对卫星导航的试验性探索，组成双星导航系统，验证相关技术，也为进一步组建庞大的卫星导航系统奠定基础。

第二批即“北斗二号”卫星导航系统，这一批不是对“北斗一号”系统的简单延续，而是将克服“北斗一号”系统存在的各类缺点，提供海、陆、空全方位的全球导航定位服务。

第三批即“北斗三号”卫星导航系统空间段，和“北斗二号”系统相比，将增加性能更优、与世界其他卫星导航系统兼容性更好的信号 B1C；按照国际标准提供星基增强服务（SBAS）及搜索救援服务（SAR）。同时，还将采用更高性能的铷原子钟和氢原子钟。

北斗，应用只受想象力限制

在苍茫的大草原上，一旦牛羊走散，就很难寻找，现有牧民为牛、羊佩戴上具有定位功能的追踪器，从此再也不怕它们走丢了。同理，人们可以用此追踪器定位野生动物的迁徙路线，研究它们的习性。

在一望无际的广阔田野上，北斗导航可以自动驾驶农业机械。农机车辆可以按照提前设定的直线或者曲线线路行驶，从而使种植的农作物株距均匀，即使在车速较快的情况下，仍然能够将误差保持在一厘米以内。

随着城市的发展，城市的地下管道日趋复杂，有些老旧管道年久失修，也很难寻找，在北斗导航的帮助下，就能很简单地进行油气、供热、供水、电力、交通等方面的管线巡检，最大限度保证安全。

北斗导航是渔民的保护神，它发出的天气预报可以提醒渔民及时回港避风，如果船只遇险，“北斗”搜到其具体位置，还能向周边船只发出求救信号。

北斗在自然灾害发生时，也是最给力的，2008 年汶川特大地震时，当地通信、电力系统几乎彻底瘫痪，外界接收到来自汶川县的第一条信息，就是依靠北斗系统传递的。依靠北斗传递的信息，搜救队挽救了很多人的生命。

北斗系统到底可以具体应用到哪些方面呢？关于这个问题，只能说，只有我们想不到的，没有北斗系统做不到的。北斗功能之精细，让人惊叹。

北斗导航提供的导航地图，可以轻松定位目的地，不走弯路。在大客车、旅游包车和危险品运输车辆上，安装北斗导航系统的车载终端设备，在车辆发生紧急事故时，交管部门可以及时到达事故现场进行救援。

北斗系统可以在海洋、沙漠、山区等地提供不同精度的服务，分为亚米级（精度在 1 米以内）、分米级（精度达到 1 分米）和厘米级（精度达到 1 厘米）三种。

当然，还有重要的军事领域，有了北斗系统的保障，我们国家的制导武器再也不怕外国人掣肘了。

注重细节的北斗导航服务，充分体现其智能化和人性化，其具体应用领域可以用这样一句话来总结：“北斗应用只受想象力的限制。”

第二节　宇宙飞船，载人探索的辉煌

“神舟一号”到“神舟五号”，磨砺载人飞天

“为了人类的和平与进步”

2003 年 10 月 15 日上午 9 时整，负载着“神舟五号”飞船的“长征二号”F 型火箭发射升空，“神舟五号”返回舱当中搭载着中国飞天第一人航天员杨利伟，还搭载有一面具有特殊意义的中国国旗、一面北京 2008 年奥运会会徽旗、一面联合国国旗、人民币主币票样、中国首次载人航天飞行纪念邮票、中国载人航天工程纪念封和来自祖国宝岛台湾的农作物种子等。这些东西代表着中华人民共和国以及全世界人民对太空探索的殷殷期盼。

9 时 10 分，船箭分离，“神舟五号”载人飞船发射成功，飞船以平均每 90 分钟绕地球 1 圈的速度开始在太空飞行。飞船由轨道舱、返回舱、推进舱和附加段组成，总长 8.86 米，总重 7840 千克。飞船的手动控制功能、环境控制与生命保障系统为航天员的安全提供了有力的保障。

对“神舟五号”绕地球飞行时所看到的奇景，航天员杨利伟事后回忆：“地球真的太漂亮了，漂亮得无可比拟。我屏住呼吸，久久看着眼

前的景象，心里激动得不得了。在太空的黑幕上，地球就像站在宇宙舞台中央那位最美的大明星，浑身散发出夺人心魄的彩色的、明亮的光芒，她披着浅蓝色的纱裙和白色的飘带，如同天上的仙女缓缓飞行。”

“我看到的一切证明了中国航天技术的成功，我认为我的心情一定要表达一下，就拿出太空笔，在工作日志背面写了一句话：‘为了人类的和平与进步，中国人来到太空了。’以此来表达一个中国人的骄傲和自豪。”

2003年10月16日6时23分，“神舟五号”返回舱经历了有惊无险的21个小时，在环绕地球14圈后，开始返回地球，顺利在内蒙古预设着陆场着陆，我国第一次载人航天飞行顺利成功。

神舟，承载中华千年梦想

“神舟”系列飞船是中国自行研制，具有完全自主知识产权，达到或优于国际第三代载人飞船技术的航天飞船。“神舟”系列飞船采用三舱一段的格局，由返回舱、轨道舱、推进舱和附加段构成，又可以分成13个分系统。

“神舟”系列飞船与国外的第三代飞船相比，有着起点高、具备留轨利用能力等新特点。“神舟”系列飞船由专门为其研制的“长征二号”F型火箭发射升空，发射基地为酒泉卫星发射中心，回收地点在内蒙古中部的四子王旗航天着陆场。

“神舟”系列飞船经历了从无到有，从无人到载人，再到空间站的伟大发展历程，也是中华民族实现伟大复兴历程中的主要辉煌成就之一。从“神舟一号”到“神舟五号”，中国载人航天经历了从初期试验到模拟人试验，再到真正的载人航天获得成功，是具有里程碑意义的。

“神舟一号”飞船于 1999 年 11 月 20 日 6 点 30 分成功发射，飞船在太空中总共飞行了 21 个小时，绕地球 14 圈。它是中国载人航天工程的首次飞行，标志着中国在载人航天飞行技术上有了重大突破。

“神舟二号”飞船于 2001 年 1 月 10 日 1 时 0 分 3 秒成功发射，在太空飞行了 6 天零 18 小时，绕地球飞行 108 圈。“神舟二号”飞船的系统结构有了新的扩展，技术性能有了新的提高，飞船技术设计与载人飞船基本一致。

“神舟三号”飞船于 2002 年 3 月 25 日 22 时 15 分成功发射，在太空中飞行 6 天零 18 小时，绕地球 108 圈。这一次飞行首次搭载 2 个模拟人，为以后搭载真人做准备。

“神舟四号”于 2002 年 12 月 30 日 0 时 40 分成功发射，在太空中飞行 6 天零 18 小时，绕地球 108 圈。飞船搭载了 2 个模拟人和不同生物的细胞，以便做科学研究。

“神舟五号”飞船于 2003 年 10 月 16 日 6 时 23 分成功发射，首次载人升空，并安全返航，标志着中国载人航天的巨大成功，一跃成为拥有载人航天技术的航天强国。

“神舟”系列飞船起点很高，发展一步到位，智能化程度也非常高。尽管中国载人航天工程起步相对美、俄等国要晚，但不再按部就班地走国外载人航天的老路，而是实现跨越式发展。

“神舟”系列飞船的发展，直接越过了国外单人飞船、双人飞船的发展阶段，直接跨越到多舱段飞船，飞船内空间较大，可以同时容纳 3 名航天员，航天员既可以很舒服地坐在舱内工作，又可以离开座椅，通过舱门进入轨道舱，进行各种科学试验。

“神舟”系列飞船可以一船多用，多方受益。国外早先的很多飞船都使用一次性的电池，电能耗光后，飞船就丧失了动力，返回舱返回地面，而轨道舱则成为太空垃圾。而“神舟”系列飞船的轨道舱上有太阳翼，可以依靠太阳能充电，为飞船轨道舱继续在轨工作提供足够的电能，保证轨道舱可以在太空持续工作半年以上。

航天员舱内航天服模型。摄于辽宁省科学技术馆

边试验，边科研。我国从第一艘“神舟”飞船开始，就进行了大量的科学实验，这种把突破载人航天技术试验和空间科学实验同步的做法，也是“神舟”系列飞船所独有的。

艰苦卓绝的航天员培训

航天员杨利伟在“神舟五号”飞船在太空飞行的超过 21 个小时里，按计划准确无误地完成了 110 多项操作。在火箭点火发射的瞬间，杨利伟的心跳依然只有每分钟 76 次。而国外的航天员此时心跳达到每分钟 140 次都属正常。杨利伟创下了宇航员心率最稳定的纪录，这是要有强大的心理素质做后盾的。

其实直到“神舟五号”飞船发射的前一天，任务指挥部才正式确定杨利伟为首飞航天员，与他一起接受同等训练的，还有翟志刚、聂海胜两人，他们是从1506名飞行员中精心选拔出来的。

航天员的训练涉及空气动力学、电工电子学、天文学、高等数学、航天医学、自动控制、系统工程、计算机、航天技术、英文等基础理论训练和体质、心理、航天环境耐力及适应性训练、专业技术训练、飞行程序与任务模拟等8大类50多门课程，整个过程都是极为艰辛的，但正如杨利伟所说的：“眼睛里看到的、触摸到的、学习了解到的，都让懈怠和畏惧无处藏身。”

正是有着这样千锤百炼的过程，我们国家才有了铁打的航天员队伍，才有了如今最辉煌的成就。

“神舟六号”到“神舟七号”，突破出舱活动

历史性的太空出舱

2008年9月27日，搭乘“神舟七号”飞船的中国航天员翟志刚完成了一系列的空间科学实验，并按预定方案进行了太空行走，最后安全返回“神舟七号”的轨道舱。这也就代表我国航天员首次空间出舱活动取得圆满成功。我国也就此成为世界上第三个成功进行航天员太空出舱活动的国家。

翟志刚经过努力开启轨道舱的舱门，身穿我国自行研制的“飞天”

舱外航天服以头先出舱的方式进行出舱活动。翟志刚面向安装在飞船推进舱的摄像机挥手致意，向全国人民以及全世界人民问好。接着，他接过另一位航天员刘伯明递上的五星红旗并挥舞摇动。随后，他朝轨道舱固体润滑材料试验样品安装处缓慢移动，取回了样品，交给刘伯明。

按照预定的路线，翟志刚在舱外进行了出舱活动。在完成各项任务后，翟志刚以脚先进的方式返回轨道舱内部，并关闭轨道舱舱门，完成了舱门检查漏点的工作。根据仪器检测数据，翟志刚、刘伯明的身体状况良好。整个出舱活动持续时间为 25 分 23 秒，太空出舱活动获得了圆满成功。

但在整个出舱的过程中，并非一帆风顺，翟志刚出舱时舱门险些打不开。好不容易打开舱门，准备出舱时，轨道舱又连续响起火灾警报。虽然最后证明是系统出错导致的误报，可有那么一瞬间，景海鹏真的以为自己要牺牲了。好在有惊无险，三位航天员都平安返回了地球。

在 2008 年“感动中国”的颁奖晚会上，主持人问景海鹏：“当时你们有没有想着回不来？”景海鹏说：“我理解你所说的回不来，就是像卫星一样绕着地球转，我们不能在演播大厅和观众们见面。”观众们听了大笑起来，但笑声还没停止，他就又加了一句：“即使我们回不来，也一定要让五星红旗在太空高高飘扬！”

继续寻求突破的“神舟六号”“神舟七号”

“神舟五号”成功将航天员杨利伟送入太空后，中国人探索太空、寻求载人航天新高度的脚步并没有停止，而是先后发射了“神舟六号”与“神舟七号”，又将5位航天员送上太空。

“神舟六号”于2005年10月12日上午9点发射升空。在太空轨道上停留了115小时32分钟，搭载了2名航天员费俊龙、聂海胜，这次的航天任务不但航天员变多了，而且开展的航天试验和工作任务也多了，之前杨利伟只是在返回舱当中进行一些操作和试验。而这次，“神舟六号”的2位航天员还要进入到轨道舱中开展工作，千万别以为只是换了个地方，这可是标志着中国载人航天飞行由“神舟五号”的验证性飞行试验完全过渡到真正意义上的有人参与的空间飞行试验，是有

航天火箭发动机模型。摄于辽宁省科学技术馆

着重大意义的。

这次飞行中，航天员会脱下舱内压力服，换穿工作服，打开返回舱舱门，使两舱处于联通状态。两位航天员将进行一系列空间科学试验，全面考核轨道舱的设计水平，检验环境控制与生命保障系统等关键技术的可靠性。

“神舟七号”飞船于2008年9月25日21点10分04秒发射升空，共计飞行2天20小时27分钟。这一次发射的主要目的是突破和掌握出舱活动相关技术。搭载了翟志刚、刘伯明与景海鹏3位航天员。

在太空，翟志刚在刘伯明与景海鹏的帮助下出舱活动，并在太空中挥舞了五星红旗，向全世界宣告中国人已经具备了在太空舱外活动的能力。

此外，“神舟七号”还释放了一颗伴飞的小卫星。弥补了之前“神舟五号”和“神舟六号”无法拍摄飞船在太空中的外景照片，电视直播也仅限于舱内的缺憾。小卫星可近距离环绕、伴飞，可提供飞船在轨飞行时的三维立体外景照片。

“神舟六号”和“神舟七号”向世界证明，中国人不但能来到太空，更能和平利用太空，在太空中做出更大的贡献，获得更好的发展。

神奇的“飞天”航天服

很多人都很关心、也很好奇宇航员在太空当中穿的航天服有什么秘密，尤其是航天员出舱活动时穿的那套航天服，那么帅，到底有哪些神奇的功能呢？我国的舱外航天服名为“飞天”，其实是一个浓缩了的舱外生命保障系统。在服装内要给出舱活动的航天员提供正常的大气压力、氧气供给、温湿度控制，毕竟它是来到航天器外面的宇航员唯一的生命保障。我国的航天服是完全自己研制的，具有世界先进水平。

“飞天”航天服的用料软硬结合，从上到下依次为头盔、上肢、躯干、下肢、压力手套、靴子，背后还有一个很大的背包，四肢部分还装有调节带，通过调节上臂、小臂和下肢的长度，身高1.60米—1.80米的人都能穿上。可支持航天员4个小时的舱外活动，并可重复使用5次。

背包：是航天服穿脱时的密封门，在背包壳体内安装舱外航天服生命保障设备，背包壳体下端安装有挂包、备用氧气瓶等。

头盔：内装摄像头，可拍摄航天员的出舱操作。两侧各有一照明灯，可照亮服装胸前部分，方便航天员在黑暗的地方操作。

手套：用国际上先进的“三维数字扫描”技术为每位航天员量身定做，看上去特别厚实，能耐受高温。

手表：专门设计的航天手表，材料适合航天特殊环境，可以读北京时间和飞行时间，另外可以转动表盘计时。

整体特点是绝对密封隔热，重而不笨、行动灵活，在上肢的肩、肘、腕和下肢的膝、踝等关节处，使用了气密轴承。在轴承的作用下，航天员的手脚可以随意转动，同时能严格保证气密性。

“神舟八号”到“神舟十一号”，太空交会对接

最特殊的物理课

中国载人航天史上的第一次太空课，在2013年6月20日上午10

时开讲了，地点就在位于太空的“天宫一号”空间站当中，老师就是“神舟十号”的女航天员王亚平，这可是人类历史上的第二次太空课！而且是历史上时间最长、内容最多、科技含量最高的太空授课。

那么，在这堂别开生面的物理课中，王亚平老师都教给了大家什么知识呢？

1. 悬空打坐：“神舟十号”的指令长聂海胜在太空表演悬空打坐，向全国的学生们展示失重环境的特殊性。

2. 弹簧秤实验：以两个相同的弹簧秤，底端各固定一个不同质量的物体，两个弹簧伸长的长度却是完全一样的。

3. 航天员称体重：因为太空没有重力，所以用常规的人站在秤上的办法是测不出体重的，所以航天员要把自己固定在测重仪支架的一端，这时拉动支架，支架会在弹簧的作用下恢复原位，这时仪器会根据弹簧产生的力及其加速度，根据牛顿第二定律计算出航天员的体重。

4. 小球单摆实验：用支架固定，在摆轴前端用一根细线拴住一个小球，然后将小球拉高到一定位置后松手，小球没有像平时那样来回摆动，而是悬浮在那里，完全静止。

5. 陀螺实验：把静止的陀螺悬浮在空中，给它一个干扰力，陀螺会开始进行翻滚运动，轴向发生很大变化；但如果让陀螺先旋转起来，再给它一个干扰力时，陀螺就不会做翻滚运动了，而是晃动着朝前运动。

6. 水滴实验：把水袋当中的水挤出来，水会形成一个大水球并悬浮在空中。这是在失重环境下水在表面张力的作用下出现的现象。

7. 水膜实验：将一个细圆环放进水球里，又拿出来，这时会形成一个水膜，拿起细圆环慢慢晃动，这时水膜并没有破裂，而是在周围闪出一些小水滴。这些闪出的小水滴要用吸水纸把它们收集起来，当轻轻地把水注入水膜，水膜慢慢变厚，随着注入的水越来越多，水膜竟然变成了大水球。把中国结放到水膜上，它贴到了水膜的表面。

8. 水球实验：把红色液体注入水球，红色在水球里慢慢扩散开，最后形成一个大大的红色水球。

就在王亚平太空授课的同时，全国中学的6000万师生都在同步收看太空授课，这也创造了一项世界纪录，是足以让他们终生难忘的一堂课。

太空中的一次次交会

有了“神舟五号”到“神舟七号”三次成功的载人航天奇迹，中国开始尝试首次空间交会对接试验，为以后实现太空空间站建设做准备。

“神舟八号”，是一个无人目标飞行器，是为将来中国的空间站与飞船对接做准备，在2011年，“神舟八号”与“天宫一号”于2011年11月3日凌晨1时30分时在我国甘肃、陕西上空进行对接并获得成功，这次对接说明我们国家已经初步具备了建成太空空间站的能力。

有了“神舟八号”的成功，中国就开始创建自己的空间站。2012年6月16日18时37分，“神舟九号”飞船在酒泉卫星发射中心发射升空。2012年6月18日14时与“天宫一号”实施自动交会对接，并获得圆满成功。

“神舟九号”有很多特殊的方面，第一，是中国实施的首次载人空间交会对接。第二，搭载了3名航天员景海鹏、刘旺、刘洋，其中刘洋是第一位进入太空的中国女航天员，开创了历史。第三，“神舟八号”与“天宫一号”连接时，两个航天器的舱门并没打开，而这一次，“神舟九号”的航天员要进入“天宫一号”目标飞行器内部，进行工作、生活和载人环境可靠性的全面验证。

有了“神舟九号”的成功，“神舟十号”的发射也就提上了日程，这一次的目的是开展载人天地往返运输系统的首次应用性飞行。飞行乘员组由男航天员聂海胜、张晓光和女航天员王亚平组成，聂海胜担任指令长。“神舟十号”于 2013 年 6 月 11 日 17 时 38 分成功发射，在轨飞行 15 天，在此期间，王亚平还第一次开展了中国航天员太空授课的活动，全国有 6000 万中学师生一起观看了这次授课，也创造了一个世界纪录。6 月 26 日，“神舟十号”载人飞船返回舱顺利返回地面。

“神舟九号”主要是进行载人空间交会对接试验，实现载人交会对接技术的突破。“神舟十号”除了继续进行与“天宫一号”的自动和手动空间交会对接之外，重点转向对这些技术的验证和应用。“神舟十号”增加了绕着“天宫一号”飞行的实验。因为空间站上有多个对接口，不同的飞行器要从多个方向与它对接，这是一项很关键的技术。

“神舟八号”到“神舟十号”，在太空当中都是与“天宫一号”对接，“天宫一号”作为我国第一个空间实验室，更主要的目的是技术验证，为以后建立空间实验室乃至空间站做准备，各方面的技术还不够完善。所以 2016 年 9 月 15 日，我国又发射了技术更先进的“天宫二号”空间实验室。空间实验室是需要长时间驻留在太空里的，所以需要各种物资的补给，这样就需要有载人飞船上太空把物资送上去。所以“神舟十一号”飞船在 2016 年 10 月 17 日 7 时 30 分成功发射，目的是向“天宫二号”输送物资，并更好地掌握空间交会对接技术、开展各种试验。

这次的飞行乘组由 2 名男性航天员景海鹏和陈冬组成，景海鹏担任指令长。飞船入轨后经过 2 天独立飞行完成与“天宫二号”空间实验室自动对接形成组合体，也是为中国建造载人空间站做准备。“神舟十一号”总飞行时间长达 33 天，比“神舟十号”在太空停留的时间长了一倍，也检验了中国载人航天技术在航天员较长时间停留在太空中时的后勤保障水平。

2021 年 6 月 17 日“神舟十二号”带着空间站关键技术验证阶段第四次飞行和空间站阶段首次载人飞行任务成功发射。航天员聂海胜、刘伯明、汤洪波成功开展了舱外维修维护、设备更换、科学应用载荷等系列操作，且在轨工作生活了 3 个月，考验验证再生生保、空间站物资补给、航天员健康管理等航天员长期太空飞行的各项保障技术。紧接着 10 月 16 日，“神舟十三号”成功发射并完成与空间站组合体自主快速交会对接。基于 2021 年 5 月，空间站天和核心舱完成在轨测试实验后，开启中国空间站有人长期驻留时代。

中国的载人空间站预计在 2022 年底完成建设，届时，“神舟”系列的后续飞船也将陆续发射升空，为载人空间站的建立和巩固发挥更大的作用。

航天员在太空的日常生活

“神舟九号”到“神舟十一号”，有越来越多的航天员进入太空，并且停留的时间也越来越长，其中还有 2 位女航天员。在这样的环境下，航天员们是怎么生活的呢，女航天员能得到哪些特殊照顾呢？

随着“神舟”系列飞船与“天宫一号”“天宫二号”空间实验室的多次对接，可利用的空间大了很多，因此可以更好地提高航天员的生活质量。从“神舟九号”开始，太空食品有5大类、80个品种，还有食品加热装置，航天员在天上可以吃到热腾腾、香喷喷的食品，并以4天为一个周期轮换食谱。还专门为女航天员设立私密空间，增加了适合女性的食品。舱内航天服也针对女航天员的身体结构，在设计上进行了调整。

为了让航天员有最健康舒适的睡眠环境，“天宫一号”还专门设置了2个专用睡眠区，内有独立照明系统，可以自主调节光线。因为太空里是没有地面上的昼夜概念的，需要靠自主调节光线来方便休息。还为女航天员准备了单独的睡眠区。

同时，在太空中停留，来自外界的危险和内心的孤独都是同等可怕的敌人，所以会有相应的娱乐设施，可以看电影，可以发邮件，还能通过视频连线与地面联络。“神舟七号”之前的视频连线都是单向的，地面上的人能看到航天员，但航天员却看不见地面的情况。现在已经通过卫星传输实现了双向视频，航天员可以看见家人，也就能更加安心。

“天宫一号”里还装备了一个小小的“太空医院”，可以随时为航天员检查身体，为他们制定医疗救助方案，必要时还可以和地面联合诊治，解决航天员的健康问题。

第三节　探究宇宙，千年梦圆

从空间实验室到空间站

进入太空的珍稀种子

2011 年 9 月 29 日 21 时 16 分 03 秒，中国“天宫一号”目标飞行器被成功发射到太空。“天宫一号”受国人关注的地方，除了要完成与不同的“神舟”飞船的对接之外，还有就是它里面搭载了四种我国独有的、非常珍稀的植物的种子：大树杜鹃、望天树、普陀鹅耳枥和珙桐。这四种植物都是非常珍贵而且富有特色的，可以称得上世界闻名！

大树杜鹃是我国云南省特有的植物，我国有三大著名自然野生名花，分别是杜鹃花、报春花和龙胆花，而大树杜鹃是杜鹃里最特殊的一种，其他杜鹃基本都很低矮，大树杜鹃却可以长到 20 米以上，是杜鹃里的巨人。

望天树顾名思义就是站在树上可以仰望苍穹，是特别高大的树木，一般可以长到 60 多米，树木的直径达到 1 米左右，最粗的可达 3 米。外国植物学家曾断定中国不会有热带雨林，而望天树的发现打破了他们的论断。

大树杜鹃和望天树都是非常珍稀的树木，但和普陀鹅耳枥比起来就差远了，因为野生的这种树全世界就只剩一棵了，位于普陀山上，被称为“地球独子”。

珙桐则是这几种植物里名气最大的一个，因为树上开满花时，好似无数鸽子落在树上展翅欲飞，所以也被称为“中国鸽子树”，它是1000多万年前冰川期遗留下来的古老孑遗植物。

搭载种子进入太空，是为了利用太空的特殊环境，令种子产生变异，使它们可能更加适宜存活和繁衍。宇宙里有丰富的射线，种子受到射线的刺激，基因可能会发生一些突变，利用这些突变，有希望培育出更优秀的植物。而太空育种的行为，也向我们揭示了“天宫一号”的另一重身份——微型空间实验室。

航天发展的关键一步

我们国家把航天发展战略分为“三步走”：第一步是载人飞船阶段，要做到发射载人飞船，建成初步配套的试验性载人飞船工程，开展空间应用实验。我们国家在成功发射“神舟五号”和“神舟六号”后，已经完成了这一步。第二步是空间实验室阶段，要做到突破航天员出舱活动技术、空间飞行器的交会对接技术，发射空间实验室，解决有一定规模的、短期有人照料的空间应用问题。2011年，“天宫一号”发射成功，并与“神舟八号”、“神舟九号”和“神舟十号”先后成功交会对接。2016年，“神舟十一号”与“天宫二号”成功对接，航天员景海鹏、陈冬在天宫—神舟组合体内生活30天，实现了在空间站内的中期驻留，到此时，第二步也完成了。第三步，那就是在太空建成空间站，解决有较大规模的、长期有人照料的空间应用问题。2021年“神舟十二号”

和“神舟十三号”完成与空间站组合的成功对接。其中“神舟十三号”飞行乘组翟志刚、王亚萍、叶光富将在轨驻留长达6个月时间。这充分证明了独立自主的中国空间站研发能力和应用解决问题的能力。

之前，我们介绍了“神舟”系列飞船的发展，也提及了“神舟八号”到“神舟十三号”与“天宫一号”“天宫二号”的对接，那么“天宫一号”和“天宫二号”有什么特殊之处吗?

我们国家把“天宫一号”称为目标飞行器，那么什么是目标飞行器呢?因为“天宫一号”是交会对接试验中的被动目标，因此称为目标飞行器。“天宫一号”是中国空间站的起点，标志着中国已经拥有建立初步空间站，即短期无人照料的空间站的能力。

“天宫一号”其实是空间实验室的雏形，其主体是短粗的圆柱形，直径比“神舟”飞船更大，前后各有一个对接口。采用两舱构型，分别为实验舱和资源舱，实验舱前端安装有一个对接结构，以及交会对接测量和通信设备，用于支持与飞船实现交会对接。资源舱为轨道机动提供动力，为飞行提供能源。

2013年6月，“神舟十号”飞船返回地球后，“天宫一号”就已经完成了主要使命，但此后继续超期服役。人们利用“天宫一号”开展了大量实验和宇宙观测，为之后的空间站建设运营和载人航天成果的应用推广积累了经验。2018年4月2日8时15分，已经彻底完成使命的“天宫一号”目标飞行器在地面的操控下再入大气层，再入落区位于南太平洋中部区域，绝大部分器件在再入大气层的过程中，因与大气层发生剧烈摩擦而销毁，少量剩余部件落入太平洋，没有造成地面损失。

“天宫二号”空间实验室，不同于“天宫一号”只是试验性质的尝试，是中国第一个真正意义上的空间实验室，用于进一步验证空间交会对接技术及进行一系列空间试验。

“天宫二号”于2016年9月15日22时04分09秒在酒泉卫星发射中心发射成功。2016年10月19日3时31分，“神舟十一号”飞船与“天宫二号”自动交会对接成功。2016年10月23日早晨7点31分，“天宫二号”的伴随卫星从“天宫二号”上成功释放，成功发送了“天宫二号”的照片回地球。

“天宫二号”较大的改进是装备更豪华、装载量提高、内部环境更好。“天宫二号”的系统设计是模块化的，如果一些部件出现问题，可以快速更换和在轨维修。其中一个新安装的设备是机械臂，用于开展舱外搬运和维修，这也是当今世界非常先进的技术。有了“天宫二号”的各种创新与获得的科研成果，离中国发射真正的太空空间站的日子也就越来越近了。

中国最终要建设的基本型空间站的规模将不会超过目前的国际空间站。基本型空间站大致包括1个核心舱、1架货运飞船、1架载人飞船和2个拥有空间实验等功能的其他舱，总重量应该控制在100吨以下。其中的核心舱需要长期有人驻守，能与各种实验舱、载人飞船和货运飞船对接。我国在2021年发射空间站核心舱，并且开启中国空间站长期有人驻留时代。

高精尖的实验项目

“天宫二号”担负的各类实验项目达到了史无前例的14项，这些项目大多涉及当前世界最前沿的科学探索领域。

“天宫二号”将搭载全球第一台冷原子钟进入太空，并进行相关实验。利用太空的微重力条件，这台冷原子钟的稳定度将高达10的负16次方，能够将航天器自主守时精度提高2个数量级，可以大幅提高北斗卫星定位系统的导航精度。

试验从太空分发量子密钥。密钥分发是实现“无条件”安全的量子通信的关键步骤。为我国量子通信卫星的发射和成功发挥作用，还为“京沪干线”大尺度光纤量子通信骨干网的建成奠定了基础，这样我国就拥有了天地一体化的量子通信网络的雏形。

“天宫二号”还将搭载中国科学院、瑞士保罗·谢尔研究所、瑞士日内瓦大学联合研制的伽马暴探测设备。该套设备可以测量宇宙当中的伽马暴射线和散射状态，理解宇宙极端物理现象及其规律，从而研究宇宙的结构、起源、演化等问题。

千年探月梦圆——嫦娥工程

千年奔月梦想终实现

2019年1月3日10时26分，中国的“嫦娥四号”探测器成功着陆在月球背面东经177.6°、南纬45.5°附近的预选着陆区，并通过“鹊桥”中继卫星，传回了全世界首张近距离拍摄的月背影像图，零距离揭开了月球背面的神秘面纱。此次航天任务实现了人类探测器的首次月背软着陆、首次月背与地球的中继通信，这是人类月球探索历史上的一个重大突破。

月球绕地球的公转与自转的周期是完全相同的，所以人们永远只能看到月球的正面，却看不到月球的背面，所以几千年来，人们对这个既熟悉又陌生的、距离地球最近的天体充满了好奇，我国古代嫦娥奔月的故事一直吸引着无数人想去探究这里。

大家都知道美国在 20 世纪开展过阿波罗计划，曾先后派出 17 艘飞船探索月球（成功 15 次），其中分 6 次运送了 12 位宇航员登陆月球；苏联虽然没能让宇航员登陆月球，但也发射多个月球探测器。要注意的是，这些宇航员和探测器着陆的位置都在月球的正面，对月球背面始终都是待在飞船内部从月球上空进行观察并拍照。这是为什么呢？第一，是因为月球背面之前始终看不到，所以了解程度不够，需要逐渐研究它的具体情况；第二，月球背面的地形比正面复杂得多，高度落差很大，不利于在地表进行探索；第三，是因为月球背面始终背对地球，从这里发射的任何信号都无法穿透月球传送到地球上，没有信号就无法传递很多重要的信息，所以美国和苏联的探测器和宇航员都没有登陆月球背面。

那么，“嫦娥四号”这次为什么就能做到这一点呢？经过多年的努力研究和观测，科学家已经对月球背面有了更多的认识，技术也更加进步，可以应对月球表面的特殊地形。而之前无法解决的信号传输问题，也依靠发射“鹊桥”中继卫星解决了，月球探测器把信号和信息传送给中继卫星，再由中继卫星传到地球，因为三者处在不同的角度，避免了月球对信号的遮挡。

“嫦娥四号”在月球降落，有着继往开来的重大意义。就像《人民日报》所说的：“是我国由航天大国向航天强国迈进的重要标志之一，是新时代中国人民攀登世界科技高峰的新标杆、新高度，是中华民族为人类探索宇宙奥秘做出的又一卓越贡献。”

伟大的嫦娥工程

2004 年，中国正式开展月球探测工程，并命名为“嫦娥工程”。嫦娥工程分为“无人月球探测”“载人登月”和“建立月球基地”三个阶段。

目前，我国已经为“无人月球探测”阶段的探索发射了“嫦娥一号”到“嫦娥五号”探测器，并成功在月球正面预选着陆区着陆。

这一阶段准备分三步走：第一步是“绕”，发射我国第一颗月球探测卫星，突破从地球到地外天体的飞行技术，实现月球探测卫星绕月飞行。“嫦娥一号”和“嫦娥二号”都是为实现这一步而发射升空的，并且都已获得成功。

第二步是“落”，发射月球软着陆器，成功在月球实现软着陆，并观察研究月球表面的物质和地形。“嫦娥三号”和“嫦娥四号”已经分别实现了月球正面和月球背面的软着陆，这一步也已经成功。软着陆是什么意思呢？就是人们可以控制的，不让探测器受到损伤的着陆方式。

第三步为“回”，即发射月球软着陆器，在月球上软着陆并采集月球上的样品，之后还能带着样品返回地球，在地球上对样品进行分析研究。在 2020 年年底发射的“嫦娥五号”已实现这一目标。

“嫦娥一号”是我国第一颗绕月人造卫星。这颗卫星的主要探测目标是：获取月球表面的三维立体影像；分析月球表面有用元素的含量和物质类型的分布特点；探测月壤厚度和地球至月球的空间环境。2007 年 10 月 24 日，“嫦娥一号”被发射升空。2009 年 3 月 1 日在太空中完成使命，受地面控制撞向了月球的预定地点。为什么要撞击月球呢？因为受到猛烈撞击后，月球深层的土壤和岩石会因为冲击而被扬起，更方便科学家研究月球的环境与发展历史。同时在撞击前和撞击的一瞬间，可以拍摄到大量近距离的月球照片，有利于进一步研究。

“嫦娥二号”和“嫦娥一号”比较类似，也是环绕月球进行运动，但距离月球表面更近，拍下的照片也更清晰，还为后来的“嫦娥三号”选好了着陆场地。

“嫦娥三号”探测器于 2013 年 12 月 2 日被送入太空，12 月 14 日成功软着陆于月球雨海西北部，15 日完成着陆器与巡视器的分离，并成功唤醒了“玉兔号”月球车，月球车对月球进行了深入考察并取得了大量宝贵数据，还拍摄了大量的珍贵照片。

2018 年 5 月 21 日，“嫦娥四号”的中继卫星“鹊桥”成功发射，为“嫦娥四号”的着陆器和月球车提供地月中继通信支持。

“嫦娥四号”在 2018 年 12 月 8 日成功发射。2019 年 1 月 3 日，“嫦娥四号”成功着陆在位于月球背面南极的预选着陆区，“玉兔二号”月球车到达月面开始巡视探测。2019 年 1 月 11 日，“嫦娥四号”着陆器与“玉兔二号”巡视器完成两器互拍，“嫦娥四号”的既定任务获得圆满成功。2021 年 11 月 24 日，“嫦娥五号”成功在月球正面预选着陆区着陆。

先进的“玉兔号”月球车

我国是继美国和苏联之后，第三个将月球车成功送上月球的国家，而“玉兔号”就是中国第一辆月球车的名字，它和着陆器共同组成“嫦娥三号”探测器。“玉兔号”月球车依靠太阳能获得能量，是真正的高科技产品。月球车能够爬上20度的陡坡，还能翻越20厘米的障碍，还配备全景相机、红外成像光谱仪、测月雷达、粒子激发X射线频谱仪等科学探测仪器。

月球上几乎没有大气层来保温，昼夜温差可以超过300℃，而且月球的一天差不多相当于地球的28天，所以月球车必然会长时间处于高温和低温环境，周围还有强烈的宇宙辐射，所以科研人员为月球车设计了白天工作、晚上睡觉的工作模式。此次，我国的月面高精度机械臂遥控操作技术得到了成功验证，实现了在地球上对平均距离38万千米之外的月球车机械臂的毫米级精确控制。月球车还对月球的地质构造进行了深入研究。

更让人惊喜的是，“玉兔号”月球车的预期服役时间只有3个月，而事实上它却在月球上服役了长达972天，这是我们国家创造的又一项科学奇迹。

2019年1月3日22时22分，“嫦娥四号”搭载的“玉兔二号”月球车也成功驶抵月球表面并顺利进行工作。2月11日2时22分，“玉兔二号”已移动至LE00210点，在月面累计行驶120米左右，成功打破了“嫦娥三号”月球车“玉兔号”114.8米的行走纪录。截至2021年9月29日，“玉兔二号”月球在轨工作突破1000天，继续刷新月球背面工作记录。

一只神奇如炬的“天眼”

“大锅”里的天文之窗

进入网络时代后，网友们的想象力与日俱增，经常能想出一些让人捧腹的段子，而且角度新奇，让人惊叹，这不，连咱们国家最新的科技成果都被编成了段子。

贵州的山区中，有一台名为FAST的世界最大的单口径射电望远镜，这台500米口径的球面射电望远镜乍一看就特别像农村传统的炊具——大锅，因此甫一公布，就引起了网友的热议。后来，《中国国家天文》杂志的官方微博发布了一张照片彻底“坐实”了人们对于这口“大锅”的“误解”，因为一位来参观的小朋友真的带了一把油菜，还要往“大锅”的模型里扔，微博配发的文字也特别有趣：“他们真的带菜来了！”

这段微博马上引来了网友的热议，评论更是异彩纷呈：“一把青菜不够分啊，关键没硬菜！”“建议他们下次带些肉来！”“带油没？带盐没？带锅铲子没？”还掀起了网友们用Photoshop软件争相把食材PS到天文望远镜里的热潮。

最让人吃惊的是，中国科学院的官方微博“中科院之声”都出来科普了，也用了“大锅”的比喻：FAST这口“大锅”，“锅边”是一圈直径约500米、高5.5米、宽11米的环梁，由50个承台支撑。考虑到热胀冷缩，设计者巧妙地让支座实现滑移。“锅面”较为特殊，先要“编织”由6670根主索组成的网，再将4450块边长在10.4—12.4米、重在427—482.5公斤、厚约1.3毫米的铝制反射面单元，依次安装在索网上面。纵横交错的索网可以实现对反射面板的调姿，最终形成300米口径的瞬时抛物面。“锅底”更为有趣，馈源舱停靠平台位于主动反射面中心底部，重约30吨的馈源舱则均匀分布在“锅”周围的6个支撑塔下，悬在距地面80米处。在FAST提出的“科学目标菜单”上，排在首位的是“巡视宇宙的中性氢”。中性氢是指宇宙中未聚拢成恒星发光发热的氢原子，观测中性氢信号，能够获知星系之间互动的细节，还能推算宇宙发育的蛛丝马迹。另一道值得期待的“主菜”是“观测脉冲星”。脉冲星是大质量恒星演化的最终产物，目前已观测到的约2000颗脉冲星均在银河系内，FAST将对准银河系外。而随着“锅”的主体完工，科学家们将边调试、边收集“食材”。面对纷纭世界，他们还需过滤“杂质”，潜心运维，方能烹出一锅荟萃。

中科院、网友们，还有这个伟大的天文望远镜都实在是太有爱了，给他们点赞!

世界最大单口径射电望远镜

500米口径球面射电望远镜，英文缩写为FAST，是当今世界在建的最大射电望远镜，位于贵州省黔南布依族苗族自治州平塘县克度镇大窝凼的喀斯特洼坑中，是借助天然形成的圆形熔岩坑加以改造的结果。

FAST被誉为“中国天眼”，由中国科学院国家天文台主导建设，是具有我国自主知识产权的，世界最大单口径、最灵敏的射电望远镜。

那么什么是射电望远镜呢？宇宙当中的各种天体除了能发出光线之

外，还能发出无线电波，这些无线电波能够穿透一些光无法穿透的地方，如星云，这样人们只要接收到无线电波，就能判断在地球上看不到其光芒的天体的存在。这种接收星体无线电波的望远镜就是射电望远镜。

听起来好像射电望远镜及其相关的射电天文学，离我们的生活非常遥远，其实不然，我们每天都在使用的 Wi-Fi，就是以天文学家在研究射电现象时产生的副产品——WLAN 技术的基础上发展而来的。

FAST 的面积有约 30 个足球场大，而且具有高灵敏度，FAST 与号称“地面最大的机器”的德国波恩 100 米望远镜相比，灵敏度提高了约 10 倍；与被评为人类 20 世纪十大工程之首的美国 Arecibo300 米望远镜相比，综合性能提高了近 10 倍。在未来 20 到 30 年里，FAST 都将保持世界一流设备的地位。

借助这只巨大的“天眼”，天文学家们可以窥探星际信息，观测暗物质，测定黑洞质量，“天眼”能够接收到 137 亿光年以外的电磁信号。从 2016 年 9 月 25 日起，“天眼”方圆 5 千米就成为了“无线电静默区”。这个庞然大物开始睁开“慧眼”，专注捕捉来自宇宙深处的信号。

那么，FAST 执行哪些重要的任务呢？第一就是寻找脉冲星，脉冲星也就是快速自转的中子星，它可以发射具有严格周期性的脉冲信号，这种信号来源非常稳定，找到以后就可以应用于深空探测、星际旅行，能够起到导航的作用。因为当人造飞船远离地球后，茫茫宇宙浩瀚无边，无法用地球上的方式进行导航，这个时候，就需要脉冲星的信号来指引，因为每一颗脉冲星的信号都有所不同，只要辨别出特定的脉冲星信号，就可以在宇宙中找准方向。

“天眼”不但能识别脉冲星的信号，以后中国再向其他星球发射飞船，飞船在航行过程中也会不断发出人造脉冲信号，“天眼”收到信号后，就会知道这些飞船是否在正确的行进路线上。

此外，“天眼”的另一项重要任务就是寻找搜集宇宙中的中性氢，这对探索宇宙的起源和演化有着重要意义。

“天眼”还只是开端

今天的天文研究领域从来不讲究单打独斗，而是追求立体化作战，只有 500 米口径的球面射电望远镜对于天文学的长远发展的要求来说，还差得远。从某一点来看宇宙，视野终究有限，望远镜要形成阵列才能发挥最大的威力。

按照国家的规划，“天眼”将和我国其他 5 座射电望远镜组成“天眼群”，并主导国际射电领域的低频测量网，这样才能更好地获取天体超精细结构。

在未来 5 到 10 年里，“天眼”等项目只是我国大望远镜建设浪潮的第一波。具有世界领先水平的 12 米光学红外望远镜的建设已经提上日程，建成后将为暗能量本质、引力波源光学认证和研究、太阳系外类地行星探测、超大质量黑洞、第一代恒星等前沿科学问题研究提供在当今世界最为优秀的观测平台。

此外，我们国家还准备建设紫外望远镜和 X 射线望远镜，并在 2017 年 6 月 15 日，成功发射了硬 X 射线调制望远镜卫星“慧眼”，自此中国拥有了自己的太空天文望远镜。在未来，我们将会拥有完整的天文望远镜集群，为中国人打开探索宇宙新天地、掌握前沿科学最新技术的大门。

第七章 7

军事力量：捍卫和平，世界大同

第一节　保家卫国，战略神器

原子弹，威力无穷的震慑力

被新闻吸引回国的“核司令”

1950年，一位在英国已经从事多年物理研究并获得博士学位的中国留学生正在打点行囊，准备返回当时百废待兴的中国。他放弃了在英国的一切成就和似锦前程，尽管这里的科学家都非常看好他，极力挽留，但他已经下定了决心要回到祖国，那里才有自己的根。

其实这么多年来，他一直对祖国魂牵梦萦，无日不期盼可以回去，但过去积贫积弱的中国实在是让自己报国无门，直到一年前的一则新闻吸引了他的注意，街头报童不断吆喝:“号外！号外！英国军舰‘紫石英’号在长江被中国人的炮火击中了。”原来，这艘停泊在长江的英国军舰不顾中国人民解放军的警告，在敏感时期驶入长江，公然挑衅，因此遭到解放军的炮击，还被扣留，这在当时普遍蔑视中国的英国人中间，顿时掀起轩然大波。而此时，这个后来决心回国的年轻人仔细品味着报道，心中却充满了希望与期盼，他就是著名物理学家、我国核武器事业的开拓者之一的程开甲。程开甲从解放军敢于向无故挑衅的英国军舰开火的事件里，看到了这个新政权敢于维护国家主权，敢于回击一切外来侵略的勇气，他相信这个新政权可以带领中国走向富强，因此他毅然决定回国。

程开甲回国后不久，中国制造原子弹的序幕就拉开了。1960 年，由著名物理学家钱三强点将，程开甲来到核武器研究所担任副所长，是中国最早投身原子弹研究领域的专家之一。在核武器研究所，他主管理论设计，负责计算炸药引爆原子弹的冲击聚焦条件。

在原子弹设计制造和引爆试验这两者间，程开甲的协调起到了关键作用。“苏联人曾说过，给你一颗原子弹，你也没法将它引爆。倘若负责设计制造和负责引爆试验的队伍各自为政，设计者不考虑试验环境，试验的人不了解产品参数，那就很难成功引爆原子弹了。”

1964 年 10 月 16 日 15 时，随着一声惊雷巨响，仪表指针剧烈跳动。中国第一颗原子弹爆炸成功了。中国人终于拥有了自己的原子弹。

此后，程开甲又成功地设计和主持了氢弹、导弹核武器，平洞、竖井和增强型原子弹在内的几十次试验，成为中国指挥核试验次数最多的科学家，人们称他为“核司令”。

毁灭者与和平维护者

1945 年 8 月 6 日，美国的一架 B-29 轰炸机在日本广岛上空扔下了一颗原子弹，只有 4 吨重的炸弹却产生了相当于 2 万吨 TNT 炸药爆炸的威力，最终导致超过 20 万人丧生。原子弹一出世就震惊了全世界！

原子弹巨大的威力源自核裂变。核能是原子核的结合能，当核能释放出来时是非常惊人的。在 ^{235}U 的裂变反应中，一个中子击打在原子核上，使这个大原子核分裂成两个较小的原子核和两个新的中子，反应后粒子的总质量减少了一小部分，这部分质量被转化为能量，虽然只是很小的一部分，但威力已经足够惊人。一个 ^{235}U 原子核的裂变就可以产生 2 亿电子伏的能量——要知道一单位分子的 TNT 炸药爆炸所产生的化学能只有不足 10 电子伏。

一次裂变反应产生的两个多出来的中子，又可以让周围其他的 ^{235}U 原子产生核裂变，随后再产生中子，这样一级一级传下去，形成犹如链条般的反应（链式反应），并释放出毁灭性的力量，一颗原子弹产生的能量足以毁灭一个大城市。

但也正是因为原子弹乃至后来的氢弹威力过于强大，已经有了足以毁灭人类的能力，世界各国都不敢发动核战争，才确保了二战之后几十年都没有出现世界级的大战，所以核武器是毁灭者，也是和平的维护者。一个国家，尤其是一个大国想要在世界上屹立不倒，不惧怕任何威胁，就必须要拥有核武器来震慑敌人，因此中国要想富强，就必须拥有核武器。

在中共中央统一领导下，经过一大批像程开甲、邓稼先这样的科技人员、干部和职工的共同努力，中国自行制造的第一颗原子弹于 1964 年 10 月 16 日在新疆罗布泊爆炸成功。

我国原子弹依靠哪些人才

原子弹是在一大批科学家的共同努力下，才最终获得了成功，那么都有哪些人做出了怎样的伟大贡献呢？

朱光亚是中国第一颗原子弹科学技术计划的组织者和领导者。他亲自主持起草《原子弹装置的科研、设计、制造与试验计划纲要及必须解决的关键问题》，提出关键性的部署，对中国原子弹的研制起到了重要的指导作用。

彭桓武为中国第一颗原子弹的理论研究起到了重要的作用。

王淦昌是中国原子弹实验物理工作的开拓者和指挥者，他领导的研究小组发现了世界上第一个荷电负超子——反西格马负超子。

郭永怀是举世闻名的空气动力学专家，他组织并指导进行了空气动力学、核武器环境试验等一系列课题的研究，保证了核武器最后试验的成功。

程开甲是核爆炸试验测试的卓越领导者，他带领新疆核试验基地研究所记录下了中国第一颗原子弹爆炸试验97%的数据。

邓稼先是中国第一颗原子弹理论设计攻关的组织领导者，对原子弹中的流体力学、状态方程、中子运输等主要理论研究取得了可喜的成果。

陈能宽是中国第一颗原子弹研制实验研究领域的主要组织领导者。

周光召是我国第一颗原子弹理论研究的奠基者之一，攻克了原子弹理论设计等诸多领域中的重要课题。

正是依靠这样卓越的科学家群体，我们又能挺直腰杆，自豪地说一声:“我是中国人。”

氢弹，太阳般的武器

太阳一般的武器

太阳近几十亿年来，始终以阳光温暖着整个太阳系，靠着阳光的温暖，才有了地球上千姿百态的各类生命，但太阳为什么能够如此持久地放射出光芒和热量呢？很久以前，人们曾经想象过太阳其实是一个巨大的煤球，但后来有人计算过，如果是煤球，太阳顶多燃烧 6000 年就已经是极限了。那么太阳到底是怎样释放出如此巨大的能量的呢？

直到 20 世纪，人们才终于揭开了太阳释放能量的秘密：太阳依靠的是核聚变。这里的核是指由质量小的原子，主要是指氘和氚（氢原子的同位素），在一定条件下（如超高温和高压），核外电子摆脱原子核的束缚，让两个原子核能够互相吸引而碰撞到一起，发生原子核互相聚合作用，生成新的质量更重的原子核（如氦）。中子虽然质量比较大，但是由于中子不带电，因此也能够在这个碰撞过程中，逃离原子核的束缚而被释放出来，大量电子和中子释放的同时，会释放出巨大的能量。这是一种核反应的形式，因为是原子核聚合在一起引发的，所以叫核聚变。正因为太阳有着海量的氘，才能通过核聚变连续几十亿年放射出巨大能量。

核聚变并不只是在太阳这类恒星中才能实现，在地球上只要能满足相应的条件，也可以实现核聚变，但目前还暂时做不到人工可控的核聚变，却可以通过核裂变等条件创造出不可控制的核聚变，利用不可控制的核聚变原理制作出的武器就是氢弹，这种运用和太阳发光发热相同原理的武器，是人类目前所有武器中威力最强大的。

威力最强大的武器

氢弹，因为它的引爆需要极高的温度，所以也叫热核武器，是人们在原子弹的基础上研发出的新一代核武器。氢弹属于当今世界尖端技术，目前世界公认拥有氢弹的只有美、俄、中、英、法 5 个国家。

要想制造出氢弹，就必须先拥有原子弹，这是什么原因呢？核聚变需要在超高温高压环境下才能实现，自然条件下，地球上是无法出现这样的环境的，目前在非实验室条件下，唯一能人工实现这样环境的方式就是引爆原子弹。所以要先引爆原子弹，借助原子弹的无穷威力，形成超高温和超高压的环境，然后借此进一步引爆氢弹，所以氢弹内部都会有一颗小型原子弹作为氢弹引爆的“扳机”。

既然都是核武器，原子弹和氢弹的威力有多大的差距呢？原子弹的威力相对有限，很难超过百万吨 TNT 当量，而氢弹如果不考虑对环境的影响，威力可以达到 1 亿吨 TNT 当量的威力。那么当量是什么意思呢？当量就是核武器爆炸时产生的威力，相当于多少吨TNT炸药爆炸的威力，以此来衡量核武器的威力水平，而并不是指核武器本身的重量。

就这样，在白手起家的情况下，1966 年 12 月 28 日，中国成功地进行氢弹原理试验，当量 30 万吨。1967 年 6 月 17 日上午 8 时 20 分，由飞机空投的 330 万吨当量的氢弹试验获得成功。

美国从爆炸第一颗原子弹到爆炸第一颗氢弹用了 7 年零 3 个月，英国用了 4 年零 7 个月，苏联不到 4 年，法国是 8 年零 6 个月，中国则只用了 2 年零 8 个月。

对氢弹有突出贡献的人

氢弹的原理说起来似乎不是很复杂，但实践过程却是困难重重，中国人开始研发氢弹时，除了知道要用原子弹作为“扳机”外，其他的方面都不清楚。氢弹的基本原理虽然世人皆知，但具体怎样设计，才能确保氢弹爆炸成功却是世界难题，也是所有拥有核武器的国家讳莫如深、列入绝密的技术。

中国在研发原子弹时，还有苏联之前提供的少量图纸和资料作为参考，而氢弹则毫无头绪，这时一位了不起的科学家站出来挑起了重担，他就是于敏。和其他曾留学海外多年的“两弹一星”元勋不同，于敏从未出国深造，用他自己的话说：“在我这里，除了 ABC 外，基本是国产的!”而就是这样一位“国产”的科学家，和其他诸多科研人员一起努力奋斗，实现了无数外国人无法实现的科研成果。

在中国核武器发展历程中，于敏所起的作用是至关重要的。很多人称他为中国“氢弹之父”，但于敏从来不接受这一称谓。他说，中国核武器事业是庞大的系统工程，是在党中央、国务院、中央军委的正确领导下，全国各兄弟单位大力协同完成的大事业。

于敏还说，自己是一个和平主义者。正是因为怀揣着对祖国强大与和平的强烈渴望，才让本有可能走上科学研究巅峰的于敏，将自己的一生奉献给了注定要隐姓埋名多年的核武器研发工作。而正是有千千万万这样勇于奉献、甘于平凡的科研工作者，才有了中国核强国的地位，也才有了全国人民平安幸福的生活。

洲际导弹，强国的撒手锏

跨越半个地球的追寻

1980 年 5 月 18 日，一支空前庞大的特混舰队在南太平洋海域出现，这支远洋舰队由 18 艘舰船、4 架直升机、5000 多名海陆空军战士和航天、海洋、通信等科学工作者组成，而让人惊奇的是这支舰队来自中国，而中国的庞大舰队来到南半球海域，上一次还要追溯到明朝初期郑和下西洋。

这是一支肩负着重大使命的舰队，就在这一天，中国从新疆罗布泊向南太平洋发射了一枚东风 –5 型洲际战略导弹，这支庞大的舰队的目的就是要在导弹落下后第一时间将导弹的实验弹头及相关实验数据回收，并带回国内进行研究。这是我国洲际导弹第一次进行全射程发射实验，意义重大，相关信息极度重要，必须严格保密。为了确保万无一失，国家才倾尽全力派出这支包含大批军舰、运输舰、科考船在内的强大舰队。

洲际弹道导弹，顾名思义，就是能够跨越大洲之间的遥远距离，对敌人发起致命攻击的导弹，射程不能少于 8000 千米，一些先进的洲际导弹可以做到在地球的任意一点攻击全世界的任何角落。但也因为射程太远，要想找个合适的地方试验洲际导弹的全射程发射也很困难。在中国之前拥有洲际导弹的国家里，美国、苏联、英国、法国，要么依靠自己庞大广阔的领土，要么利用自己在海外的军事基地和殖民地，但中国不具备这样的条件，而导弹的射程又超出了国土范围，于是采取派出舰队的方式远赴南太平洋回收导弹关键部件，并最终取得圆满成功，中国终于有了保卫国家安宁与和平的重要武器。

可以毫不夸张地说，正是因为有了核弹，有了洲际导弹、潜射导弹，我们才可以无惧外界的任何威胁，才可以安心埋头进行经济建设，现在才能成为世界第二大经济体。

国家安全的“定海神针”

洲际导弹有多重要，其实打个比方就容易明白了：如果说核武器是子弹，那么导弹就是与子弹配套的枪，没有枪的子弹再多也毫无意义，而洲际导弹就是最好的枪。拥有洲际导弹的国家，不用远涉重洋就能直接对敌国实施战略性攻击，甚至可以用导弹攻击地球的任何角落。所以在研究核武器的同时，中国就开始积极研制各类导弹。

中国的导弹一开始经历了从仿制到自己研制的过程，并用“不是东风压倒西风，就是西风压倒东风”的含义，命名为“东风”系列导弹。“东风”系列导弹从起初的东风 –1 直到东风 –4，都是近程或中远程导弹，不足以威慑距离特别远的国家和地区，直到东风 –5 洲际弹道导弹的出现。

东风 –5 洲际弹道导弹是中国第一种具备洲际射程的弹道导弹，是中国战略核反击的中坚力量，1971 年 9 月首次试验，1980 年 5 月 18 日首次全程试射成功，1981 年服役，1983 年经改进后，进一步提高了射程，换装了更精确的制导系统，命名为东风 –5 甲，1986 年进行了重要的分导弹头试验。什么是分导弹头呢？就是在一枚导弹里装有多个分弹头，在发射时是将导弹作为一个整体发射出去，由于洲际导弹要打击万里之外的敌人，所以一直向上飞行到大气层外，这样一来，第一是减少空气阻力，保证射程；第二是当导弹再次进入大气层时，重力势能会转化为动能，让导弹弹头获得高达几倍音速的超快速度，使得敌人难以拦截。而就在再次进入大气层时，原本是一体的导弹会释放出多个分弹头，这些弹头会飞向多个地点，摧毁多个目标。既能更高效地消灭敌人，又能加大敌人的拦截难度。分导弹头也是当今世界极其高端的技术。

1984 年 10 月 1 日，中华人民共和国成立 35 周年大庆阅兵式，东风 –5 导弹首次公开亮相，立刻吸引了全世界的目光，中国第一次向世界展示了自己的全球打击能力。

2015 年 9 月 3 日，在纪念中国抗日战争胜利 70 周年阅兵式上，东风 –5 导弹最新的改进型号东风 –5B 第一次公开亮相。

东风 –5 弹道导弹是中国研制的第一代战略导弹，现在依旧是中国军队战略核威慑的中坚之一。后来中国又研制了可以机动发射的东风 –31 和东风 –41 洲际弹道导弹。

机动发射，就是把导弹从位置固定的发射井里移动到导弹发射车上，这样导弹就可以随着发射车到处移动，防止受到敌人先发制人的打击与破坏。当然要做到这一点，首先要在保证足够的射程的前提下，把导弹做得尽量小，可以整体装到导弹发射车上，因此能够移动发射的洲际导弹是非常高端的科技，全世界能做到的国家寥寥无几。

东风 –31 弹道导弹 1999 年 8 月 2 日试射成功，1999 年 10 月 1 日在国庆 50 周年阅兵式上出现，2006 年 9 月服役。2009 年 10 月 1 日，东风 –31A 导弹参加了国庆 60 周年阅兵式和纪念中国反法西斯战争胜利 70 周年阅兵式；2017 年 7 月 30 日，新型的东风 –31AG 型导弹在庆祝中国人民解放军成立 90 周年的大型阅兵式上出现。

东风 –31 虽然具备了更好的性能，不过世界上反导系统的进步很快，对导弹的突防能力和最大射程也就有了新的要求，所以我国又研制了更新型的东风 –41 洲际弹道导弹，拥有更大的射程和更强的突防能力。

相信在未来，中国的洲际导弹会有更先进的性能，为中华民族撑起最强有力的保护伞，中国再也不会畏惧来自列强的威胁。

怎么判断洲际导弹更先进呢？

喜欢军事的人们有时会对各种不同的导弹进行比较，那么怎样能简便地看出什么样的导弹更先进呢？

首先，射程差不多的导弹里，体积越小的，就越先进。道理很容易理解：体积小，更容易移动，也更容易隐蔽，发射也更简单。

其次，采用液体燃料的导弹不如固体燃料导弹。液体燃料体积大，而且有腐蚀性，平时都是存放在特制容器里，需要发射时，才会灌入导弹里，所以从准备到发射需要的时间很长。

最后，只能在发射井里发射的导弹，位置固定，容易被敌人先发制人加以摧毁。能够装在发射车上到处移动，随时准备发射的导弹更加先进，发射完就能立刻转移，能够在严酷的战场上更好地保护自己，消灭敌人。

第二节　海空防卫，艨艟战舰

辽宁舰，圆梦的航母

中华民族的百年航母梦

1937 年 8 月，在江阴附近的长江江面上，爆发了一场被德国顾问团团长法尔肯豪森形容为“这是第一次世界大战以来，我所见到的最激烈的海空战”的战争。交战双方是中国和日本，但当时中国海军总共只有 66 艘舰艇，总吨位 5.7 万吨，官兵 2.5 万人。而日本海军拥有的中等规模以上的舰船就超过了 115 万吨，官兵 12.7 万人，还有 300 多架飞机。最终，中国海军的第一、第二舰队全军覆没，最让人感到悲哀的是，缺乏空中掩护的中国海军舰艇，根本没有和日本海军面对面对抗的机会，而是在日军航母舰载机的轰炸下，一艘接一艘地沉没。

江阴海战，中国海军拼尽了全力，主力舰沉没了就用鱼雷艇，鱼雷艇炸没了，用炮艇、辅助舰船，甚至“赤着臂膊跃下水里，推着水雷去爆破敌舰”，但最终还是失败了。

经此一役，中国人对航母的巨大威力有了更清醒的认识，渴望能拥有自己的航母，但当时的人们没想到的是，中国人实现航母梦，还要再等半个多世纪。

1998年，中国将苏联时代建造但未完工的“瓦良格”号航母从乌克兰买下，历经千辛万苦，冲破多方阻挠，历时近4年，2002年3月3日，才终于将这艘航母运到了中国大连。2005年4月26日，“瓦良格”号被拖进大连造船厂的干船坞，开始由中国人民解放军改装及继续建造。解放军的目标是对此艘未完成建造的航空母舰进行改造，将其用于科学研究、实验及训练用途。2012年9月25日，中华人民共和国国防部网站公布“瓦良格”正式更改名称为“辽宁”；同日早上，中国第一艘航空母舰“辽宁”号在中国船舶重工集团公司大连造船厂正式交付海军。经过了近百年的努力，中国终于拥有了自己的航空母舰！

强大的海上移动机场

航空母舰，是当今世界上最强大的海上装备之一，是海军与空军的结合体，现代世界各大军事强国都想要发展航母，主要目的就是赢得海战，夺得制海权，对于拥有海岸线的国家来说拥有强大海军是制胜的关键。发展海军还有一个目的，那就是希望将战场转移到海上，这样就能够避免在陆地上交战，也不会伤及平民和造成巨大的经济损失。

航母就是把机场从陆地转移到海洋，而且还是可以高速移动的机场，飞机可以借助这个平台灵活机动、超出飞机航程进行机动攻击，威力巨大，战术灵活多变。二战以来，航母一直被认为是海军最强大的军舰。

“辽宁”号航空母舰是中国人民解放军海军第一艘可以搭载固定翼飞机的航空母舰，是在苏联海军的库兹涅佐夫元帅级航空母舰的第二艘——“瓦良格”号航空母舰的基础上发展而来的，属于中型航母。自此，我国成为当今世界上极少数拥有现役中型航母的国家。当然，“辽宁”号并不是对苏联航母进行照搬照抄，对航母的上层建筑、防空武器、电子设备、舰载机配备等方面都做了非常大的改进。

作为一艘强大的军舰，最惹人眼球的自然是它所具备的武器系统，而航母的强大是因为能够搭载舰载机，所以在购买航母的同时，中国就从乌克兰购买了一架存放在当地、结构完整的T–10K–3号原型机。苏联海军使用的苏–33舰载机就是以它为基础发展而来的。中国以此为基础加上之前仿制苏–27的经验，并进行了大量的改进，最终研制出自己的舰载机歼–15。2013年5月10日，中国海军首支舰载航空兵部队正式组建。

辽宁舰除了舰载机之外，还装备有近防炮、防空导弹发射装置、

歼–15舰载机模型。摄于辽宁省科学技术馆

干扰弹发射装置、反潜火箭发射装置等。近防炮是做什么的呢？看过电影《红海行动》的人可能印象深刻，当岸边的外国反政府武装向我国军舰发射火箭弹时，我国军舰上的近防炮迅速开火，在数秒内将来袭的多枚火箭弹全部摧毁，确保了军舰的安全。由此可见，近防炮可以摧毁一切已经逼近军舰的导弹、敌舰等，是军舰的最后一道防线。而干扰弹是用来干扰敌人导弹的制导系统的，使得导弹不能击中军舰。由此可见，我国的航母火力强大，武器先进，不亚于当今世界上其他的先进航母。

航母不但是一座海上机场和海上城堡，也是舰上 1000 多名海军官兵生活的地方，航母体积大、功能全，在外执行任务的周期长，所以向来有“海上城市”的绰号，官兵在其中生活，就犹如身处一个小社会。因为非常宽敞，舰员们生活条件比在其他舰艇要好很多，有现代化餐厅、超市、邮局、洗衣房、健身房、垃圾处理站等，彻底改变了过去苏联航母内部极度拥挤的状况。

2018 年 5 月 31 日，国防部新闻发言人任国强大校答记者问时表示，辽宁舰入列以来，按照计划有序组织了包括远海作战运用演练在内的一系列综合演练，有效检验了航母编队综合攻防体系的建立和保持。航母编队训练向远海作战运用深化拓展，已经初步形成了体系作战能力。由此可见，我国不但已经拥有了航母，而且已经有了战斗力！

打造中国的航母战斗群

航母虽然强大，但并不能满足所有需求，庞大的体积也容易受到来自敌人多方面的攻击，尤其是多数飞机都被派出去执行任务时，航

“辽宁”号航母模型。摄于辽宁省科学技术馆

母更是容易受到威胁。因此，航母从来不单独作战，而是和大量其他军舰一起执行任务。这些军舰起到增强战斗力和保护航母的作用。目前，“辽宁号”航母还没有相对固定的航母战斗群配置，不过可以从国际通用的航母战斗群组成来管窥其中的奥秘。

航空母舰：航母战斗群，当然要有航母，一般会有一到三艘航空母舰。随着国产航母的服役，我国的航母战斗群会进一步扩大。

巡洋舰：传统的航母战斗群会包括一到两艘导弹巡洋舰。不过随着海军作战理论的发展，大型驱逐舰设计、生产的逐渐成熟，巡洋舰已经被逐渐淘汰了，在未来，估计中国的国产大型驱逐舰将接替巡洋舰的位置。

驱逐舰：航母战斗群会有两到三艘导弹驱逐舰。这些驱逐舰协助舰队扩展防卫圈的范围，同时用于防空、反潜与反舰作战。

护卫舰：一到两艘护卫舰。

潜艇：一到两艘攻击型潜艇。用于支援舰队对水面或者是水下目标的警戒与作战，也可使用潜射巡航导弹打击陆上目标。

补给舰：一到三艘补给舰，随时为航母战斗群补充给养。

国产航母，海军的新希望

剑指深蓝，国产航母海试

2018 年 6 月 19 日，中国船舶重工集团董事长胡问鸣对外界透露，中国第一艘国产航母于日前成功完成了首次海试工作，该航母在 5 月 13 日从辽宁省大连造船厂出海进行首次海上试验，主要集中在检验船舶动力系统的可靠性与稳定性方面。

首艘国产航母是继“辽宁”号航母之后，中国的第二艘航空母舰，该航母于 2013 年开工建造，于 2018 年 5 月 13 日首次出海试航。2019 年 12 月 17 日，经中央军委批准，第一艘国产航母命名为“中国人民解放军海军山东舰”，并于海南三亚某军港交付海军。

当今世界拥有航母的国家屈指可数，而拥有本国制造的航母的国家更是稀少，而拥有本国制造的大型或中型航母的国家，只有美国、俄罗斯、法国、中国和英国，如果说辽宁舰是依靠购买外国航母的船体加上自行改装，还不能完全算是自行生产的话，那么国产航母的海试和服役，宣布中国已经正式成为航母强国和海军强国。

真正自主研发生产的航母

2013 年 8 月 31 日，中国大连造船厂被证实正在建造国产航母，结构类似“辽宁”号，应当属于中型滑跃起飞的常规动力航母，型号为 001A，被认为是中国真正意义上的第一艘国产航空母舰。

2013 年 8 月 29 日，中国国防部新闻事务局举行的例行记者会上，针对国产航母的问题，国防部新闻发言人杨宇军给予明确答复：“我们早就说过，辽宁舰是我国的第一艘航母，但绝对不会是唯一的一艘，今后我们会根据国防和军队建设需要，综合各方面的因素，统筹考虑国防的发展建设问题。”

“辽宁”号航母服役后，国内外对中国今后要建多少艘航母，先建造常规动力航母还是直接建造核动力航母都有很多猜测。

为什么大家普遍认为一艘航母不够用呢？因为我国的海岸线长达 1.8 万千米，辽阔的大洋更是无边无际，一艘航母根本无法兼顾如此广大的海域。同时，航母是需要定期检修，还要定期升级各种设备，这时航母就要回到船厂，短则几个月，长则一两年，这期间是不能作战的。如果只有一艘航母，就要经常面临无舰可用的窘境，所以至少需要两到三艘甚至更多的航母才能保证随时可以出动航母进行训练或作战。

那么，国产航母是以什么动力驱动的呢？航母一般有两种动力模式，一种是常规动力的蒸汽轮机驱动，辽宁舰与山东舰都是常规动力。

另一种是核动力的核反应堆驱动。核动力的优点是可以长期航行，不需要频繁补充燃料，总体来说核动力航母更胜一筹，未来的新型国产航母有可能采取核动力。

大家翘首企盼的第二艘国产航母也已经开始建造，有专家预测第二艘航母也许会采用弹射的方式起飞舰载机，而且有可能是最先进的电磁弹射，如果成为现实，我国将会成为继美国后，第二个掌握全套航母弹射起飞技术的国家。

滑跃或弹射，航母的难题

航母的强大源自搭载的舰载机的强大，而舰载机基本就是固定翼飞机和直升机两大类，航母上的直升机主要是攻击对方潜艇和搜索救援，还有预警直升机可以预警侦察来袭的敌人。而固定翼飞机的功能就多了，攻击敌人军舰和陆地目标、拦截敌人飞机，作为电子战飞机扰乱敌人通信和雷达，大型的预警机可以更大范围地侦察敌人，指挥自己的飞机作战。

但有一个问题产生了，这么多飞机应该怎样在航母上起飞呢？很多人觉得航母那么大，还有专门的飞机跑道，直接在跑道上起飞不就好了吗？其实事情没那么简单。航母的确有跑道，但顶多只有200多米的长度，相对陆地上的机场，要短了很多，对于喷气式飞机来说，长度不足，但为此把航母造得太长又不现实，于是人们想出了三种方法：

一种是垂直起降，也就是让固定翼飞机也像直升机那样，可以垂直起飞，但缺点是技术难度大、成本高、结构复杂不好维护，而且对燃料的耗费特别大，会导致飞机的航程大为缩短，所以一般只作为辅助方式。

另一种是滑跃起飞，在航母的前部甲板上有一个 12 度的缓坡，飞机在缓坡上滑跃起飞，这样能给飞机施加一个向上的力，就可以缩短飞机的起飞距离，优点是节约航母空间、起飞安全度高、容易维修、起飞效率高；但缺点也很多，飞机发动机的性能要比较好，燃料耗费大，大型飞机无法依靠滑跃起飞，所以加油机、固定翼大型预警机无法在滑跃式的航母上起飞，这对航母的战斗力是很大的削弱。虽然预警机可以用预警直升机代替，但其性能远不如固定翼预警机。

最后一种就是弹射起飞，弹射起飞就是在航母上安装弹射器。弹射器有两种，一种是蒸汽弹射，通过将淡水蒸汽化带来动力；一种是电磁弹射，利用电磁力为动力。弹射器的原理很简单，就像一个超大的弹弓一样把飞机弹射出去，给飞机一个横向的加速度，缩短飞机起飞距离。优点就是节省飞机本身的燃料，大型飞机也可以弹射起飞，对周围环境条件要求低，缺点是蒸汽弹射消耗淡水，电磁弹射需要大量电能，降低航母本身动力，占据了较多的舰上空间，多架飞机起飞时的效率不如滑跃式。

“大内高手”055 型驱逐舰

分清五花八门的“舰”

我们平时看一些新闻，提到海军时，总是会说起航空母舰、战列舰、巡洋舰、驱逐舰、护卫舰、登陆舰、鱼雷艇之类五花八门的名词，大家往往觉得很迷茫，到底这些形形色色的舰都是干什么的呢？有什么区别吗？

战列舰是以大口径舰炮为主要武器，具有非常强大的装甲防护能力和较强的突击威力，可以承担远洋作战任务的大型水面作战舰艇。在二战前的几个世纪里一直都是海军的绝对主力，但二战时，在航母的舰载机攻击下，战列舰却纷纷以沉没告终。加上二战后，导弹的兴起使得舰炮的作用越来越小，已经成为辅助武器，因此战列舰现在已经被时代彻底淘汰。

巡洋舰是能够独立作战的，能够承担远洋作战任务的大型军舰，主要靠凶猛的火力和较快的速度打击敌人，火力和吨位不如战列舰，但单独作战能力和航行速度要强于战列舰。可以单独作战，也可以配合战列舰作战。二战后，因为导弹技术的兴起与进步，巡洋舰的武器配备和作用与驱逐舰越来越接近，所以已经逐渐被大型驱逐舰所取代，相信在不久的将来就会消失。

护卫舰是以反舰或防空导弹、中小口径舰炮、鱼雷等为主要武器的中小型战斗舰艇。它可以执行护航、反潜、防空、侦察、警戒巡逻、布雷、支援登陆和保障陆军濒海侧翼安全等作战任务，曾被称为护航舰或护航驱逐舰。

驱逐舰原本是一种比较小的舰艇，火力并不强大，主要靠鱼雷作为武器，在海上担任防空、护航、辅助其他大型舰艇作战的任务，在战场上属于配角，但到了二战后，随着导弹的发展，功能多样、造价低廉、灵活机动的驱逐舰的地位越来越重要，逐渐取代了战列舰和巡洋舰的位置，成为海军的主力，也是配合航空母舰作战的重要舰艇，到了20世纪末，驱逐舰的吨位越来越大，火力和防空能力也越来越强，成为海军不可或缺的力量。而大型驱逐舰更是除航母外，海军力量的重要象征。

那么驱逐舰到底对现代的海军有多么重要呢？让我们走进驱逐舰的世界。

万吨大驱承载着“中国梦”

近代以来，中国海军一直都是遭遇最坎坷的军种，从中法战争福建水师的覆灭，到甲午战争北洋水师的末日，再到抗战时中国海军奋战到无船可用，中国的万里海疆，百年来始终没有足以和列强一争高下的强大海军来守卫。

到了中华人民共和国成立初期，新生的人民海军只有一些排水量几百吨到1000吨出头的老式舰艇，武器落后、数量稀少，根本不足以守卫海疆。所以就从苏联买了一批驱逐舰，我们命名为“鞍山级驱逐舰”，一共4艘，都部署在北海舰队，以便守卫北京。鞍山级驱逐舰本身就是老式军舰，服役时就已经落后了，但那时就已经是我国最先进的军舰了。后来海军先后自行设计建造了多型驱逐舰，性能是越来越先进了，不过排水量一直在4000—6000吨，虽然军舰不能只以排水量来衡量其战斗力，但吨位更大的船能够容纳更多的武器、各类设备，抗打击能力也相对更强，所以大型驱逐舰还是非常重要的。

055型驱逐舰就是我们已经服役的第一种排水量超过1万吨的大型驱逐舰，装备新型有源相控阵雷达，属于新型的舰队防空驱逐舰。

那么什么是有源相控阵雷达呢？相控阵雷达可以近似理解成把成千上万个小雷达天线集合在一起的超级雷达，它在各方面的性能都要比传统雷达好得多。而有源相控阵雷达是相控阵雷达里最先进的。现代海军最大的敌人是高速反舰导弹和空中的各种飞机（尤其是隐形飞机），有了有源相控阵雷达，就能更好地及早发现敌人，以便先发制人。

055 型导弹驱逐舰具有较高的信息化水平及隐形性能，可组织远、中、近三层先期预警防御网，并有较强的防空、反导、反潜、反舰、攻陆和电子战能力。本级舰首舰已于 2018 年 8 月 24 日进行首次海上测试。

055 型驱逐舰是中国海军第一款一服役就在平台和设计理念上达到世界先进甚至局部领先水平的军舰，从这一点来看，其重大意义不亚于国产航母下水。

那么这款大型驱逐舰除了本身强大，还有什么其他重要作用吗？其实中国要组建自己的航母战斗群，航母当然必不可少，而 055 级导弹驱逐舰也非常重要，如果说航母是君临天下的帝王，那么 055 级导弹驱逐舰就是护驾的大内高手。

既然是大内高手，那这款驱逐舰又携带了哪些武器呢？055 级导弹驱逐舰的标准排水量和满载排水量都在 1 万吨以上，是我国海军当中除航母外的最大军舰。其拥有舰炮、近防炮系统，担负着近距离防卫的重担，以大量防空导弹与巡航导弹等多种武器作为远程攻击手段。

作为防空驱逐舰，这种军舰最重要的还是当今世界非常先进的垂直发射装置，垂直发射系统中，导弹都被垂直藏在军舰内部，只留一个发射口在外面，能够最大程度节省舰上空间，避免了过去导弹都摆放在军舰上层，占据空间过大，暴露在外，容易被摧毁的缺点。垂直发射系统可容纳远程防空导弹、反舰导弹、反潜助飞鱼雷和对陆攻击的巡航导弹等。外界估计055型驱逐舰拥有超过100个发射单元，火力是极其强大的。此外，055型驱逐舰还装载有大量电子战设备。

高速发展的中国海军

最近几年，中国海军有大批新型舰艇集中建造和陆续服役，速度快得惊人，而国产航母和055型大型驱逐舰的服役更是振奋人心的大事件。中国海军从只能在内河和海岸线附近负责防卫的“黄水海军”，到活跃在领海范围内，专注防卫本土和领海范围的“绿水海军”，再到现在准备冲出领海、剑指大洋的“蓝水海军”，走过了漫长的发展道路。海军的发展见证了中华民族的伟大复兴之路。

军事界有句老话“五年陆军，十年空军，百年海军”，说的就是要建立强大的海军的困难程度。055型驱逐舰第一次实现了我国海军防空反导一体化功能，使得中国海军在应对海上空战时能更加来去自如，拥有极大的优势。

海军要想具有强大的作战能力，就必须具备防空能力、海上打击能力和对陆精准打击能力这三点，缺一不可。而中国055型驱逐舰的服役正是向这个方向迈进的重要一步，通过055驱逐舰的全面起航，我们可以预见在不久的未来，我国将成为名副其实的海军强国。

第三节 强大的陆空军，守疆护土

99A 式主战坦克，信息化的铁甲巨兽

新时代的陆战之王

坦克向来有陆战之王的美誉，自从第一次世界大战坦克登上历史舞台以来，每次战争都少不了坦克的身影。二战时著名的库尔斯克战役，苏德两国几千辆坦克的空前大对决，现在依然被人们谈起。到了二战之后，坦克发展的速度更快了，已经发展了三代。

第一代坦克有著名的苏联 T–54/55 坦克、美国 M48 巴顿坦克、中国 59 式坦克等。衡量坦克性能水平的三大要素（火力、速度、防护），都比较平衡，不再像二战后期的一些坦克那样只注重防护或火力。基本不能在晚上战斗，火力主要是靠 100 毫米口径的火炮。

第二代坦克有美国 M60 坦克、苏联 T–62 主战坦克等，因为这时正好是冷战时期，为了打核战争，所以这个时期的坦克防核武器、防生物武器、防化学武器的能力都比较强，火力也更强大了，开始用 125 毫米口径的火炮。这个时候的坦克已经能够在晚上作战了。

第三代主战坦克，有美国 M1A2、中国 99A、俄罗斯 T–90、德国豹 2 坦克等。火炮更加先进，还能发射炮射导弹、次口径穿甲弹，装

备了陀螺仪、弹道计算机、各种光电探测设备等先进电子设备，可以在各种天气条件下作战。

我们国家早期的坦克都是在苏联的第一代坦克 T-54/55 的基础上仿制、改进而来的 59 式坦克，很长时间都没有重大突破，只能不断在此基础上改进。因为没有强大的工业基础，就很难创新设计出新型坦克。全世界能够独立设计制造坦克的国家也是屈指可数。

转眼到了 20 世纪末，拥有广阔陆地疆域的中国需要拥有一款强大的第三代新型坦克守卫疆土，后来耗时 15 年终于研制出了跻身世界先进行列的 99 式坦克及其改进型 99A 式坦克。

信息化时代的新型坦克

99A 式坦克是我军目前最先进，拥有完全信息化性能的主战坦克，实现了火力、机动力、防护力和信息力的有效融合，体现了我国陆战装备的新水平。99A 坦克主要用于压制、消灭反坦克武器，摧毁野战和坚固防御工事，歼灭敌人的有生力量。

99A 主战坦克奠定了我国第一代陆军装备信息采集、传输、处理、显示与综合的基础，是我国第一种真正意义上的信息化坦克。

该坦克的综合作战能力已处于世界领先水平。99A 式配备的 125 毫米主炮不但威力强大、精度高，而且可以发射多种不同的炮弹，可以击毁具有不同特性的目标。在防护方面，99A 不仅在车体的周围加装了当今最先进的复合装甲，而且坦克最脆弱的顶部也加上了新型复合装甲，可以全方位抵挡来自敌方坦克、反坦克导弹的攻击，以及号称“坦克克星”的武装直升机的火力打击。在主动防护方面，这型坦克还拥有主动激光自卫武器系统及激光告警装置，能在压制敌方坦克观瞄仪器的同时，提供来袭武器的预警信息，提醒坦克手采取反制措施。

现代战场，坦克的机动能力越来越重要，99A 坦克在这一方面有着很突出的表现。安装了大马力的先进发动机，使得坦克拥有名列世界前茅的行驶速度。具备手动档和自动档操纵系统，实现自动换档，可以依靠方向盘以任意半径连续转向甚至是原地转向。这是非常了不起的进步，为什么呢？过去，中国使用的老式坦克的舒适度普遍很差，使用操纵杆驾驶坦克很吃力。而现在驾驶坦克可以像驾驶汽车一样方便快捷。

99A 主战坦克的这些战场优势，也得到了世界的认可。美国《国家利益》将 99A 坦克列为中国最致命的五种新装备之首。德国《焦点》杂志 2019 评选出的世界最强十大坦克排名中，99A 坦克排在德国豹 2 及美国 M1A2 坦克之后，名列第三。

独臂托起新坦克的总设计师

先进的性能固然让人心驰神往，而最让人惊叹的是设计这款坦克的人。这款坦克的总设计师是我国著名的坦克专家祝榆生，祝老年轻时投笔从戎，为了抗日不惜放弃在黄埔军校的学业加入了八路军，参加了 30 多场战斗，并开始钻研制造各种武器。一次在战场试射迫击炮时，炮弹突然爆炸，导致祝老的右臂被截肢。但身体残疾没有阻碍祝老求知的脚步，他年过不惑还要每天在大学里听课，年过六旬还勇敢担起研发第三代主战坦克的重担，可以说是以自己的独臂托起了新坦克的未来。

20世纪80年代，世界各主要大国都推出了自己的第三代主战坦克，德国豹2、美国MIA2等第三代坦克性能已经远远超越了中国当时装备的所有坦克。

为了不落后于时代，我国加快了第三代坦克的研制速度，最后经过讨论决定以苏联T–72坦克为设计基础，研发自己的第三代主战坦克。这时，祝榆生已经66岁了，毅然挑起了第三代主战坦克总设计师的重担。

祝榆生接手后经过反复考虑，提出系统取胜，也就是在有限的工业基础上，通过高综合、优化匹配系统功能等手段，来达到最优化的坦克性能设计。这是非常关键的想法，标志着我们国家有了自己独立的坦克研发学派。年过古稀的祝老在摔断三根肋骨的情况下，依旧带病工作，有这样的创新性思维和不懈的努力，才有了1999年国庆50周年阅兵式时以第一方队通过天安门广场的99式主战坦克，也才有了日后在世界范围内性能都极为先进的99A式坦克。

运-20，可靠的军队保障力量

战略空军，强国之剑

要想明白为什么运–20这种大型运输机这么重要，就要首先明白什么是“战略空军”。战略空军是指空天一体、攻防兼备、信息火力一体，能够以空制空、以空制海、以空制地，全面参与各种作战形式，能实施远程反应的空军。那么具体怎么理解呢？举个实际的例子就容易明白了。

1990 年，伊拉克入侵并占领了科威特，以美国为首的多国联军在伊拉克坚决不肯撤军的情况下，决定动用武力。1991 年 8 月 7 日，布什总统签署命令要军事打击伊拉克，当晚 7 时 35 分，美军第八十二空降师先头部队就已经在美国本土登机飞往沙特。

在“沙漠盾牌”行动第一阶段的 3 个月时间里，美军就向沙特部署了 24 万人的部队，共拥有 1000 多架飞机、超过 1000 辆坦克、200 多架攻击直升机以及各类保障设备。而这么庞大的兵力，都是从美国本土快速部署到 1.2 万千米外的中东地区的，当时震惊了全世界。到了 11 月 8 日，布什总统宣布美军将向战区增派 20 万部队，也迅速到位。

为什么美军有这么强大的运输能力呢？美国的战略空军在空运中动用了 126 架最大载重量达 120 吨的 C–5 战略运输机、265 架最大载重 70 吨的 C–141 大型运输机。这些运输机的单架次最大运输吨位就达到 3 万多吨。美军通过战略空运输送了 54.5 万吨货物和 50 多万名人员。因此才能在短时间内以极微小的代价击败了拥有百万大军的伊拉克。

因此，能不能拥有强大的战略空军的关键，除了拥有强大的战斗机、轰炸机等这些攻击型的飞机，还必须有数量庞大的大型运输机、预警机、加油机等这些支援型飞机。而预警机和加油机等都要以大型运输机为基础，所以大型运输机是必不可少的。

大国空军的必备武器

运 –20，是中国自主研发的新一代战略军用大型运输机，由中国航空工业集团公司第一飞机设计研究院设计、西安飞机工业集团为主制造，并于2013年1月26日首飞成功。

运-20是大型多用途运输机，能够在复杂的气象条件下，执行各种物资和人员的长距离航空运输任务。与中国空军现在使用的俄制伊尔-76运输机比起来，运-20的发动机和电子设备有了很大改进，载重量也有提高，短跑道起降性能更加优秀。

那么什么样的飞机才能算是大型运输机呢？这类飞机需要具有洲际运输能力，特点是载重能力强、航程远，起飞重量不少于150吨，载重量超过40吨，正常装载的航程超过5000千米。

运-20的最大起飞重量达到200吨，载重超过60吨，最大时速超过800千米，航程大于7800千米，在世界同类飞机里，称得上是先进水平。要知道当今世界有能力自主独立设计制造大型运输机的只有美、俄、中三国加上欧盟。2017年11月10日，我国空军发言人表示，歼-20、运-20列装部队后，已经开展编队训练。

之前，我们国家只能自主生产中小型运输机，载重量和航程小，改进的空间也受限制。所以为了解决实际需要，我国向俄罗斯购买了20架伊尔-76大型运输机。而我国的大型预警机空警-2000是用伊尔-76运输机改装的，加油机是用轰-6轰炸机改装的。伊尔-76只能靠进口，容易被掐断来源，轰-6的载重量有限，改装成加油机后性能不够理想。根本原因就是没有国产的大型运输机作为改装平台。

运-20由中国的数千家企业共同参与研发，统一制造标准的难度可谓空前。那么这种大飞机有什么特点和优势呢？

1. 运-20的设计更加合理、整体上要比之前购买的伊尔-76好很多，耗油也更低。设计上考虑到了运输各种不同类型货物的需求，能够容纳超高和超宽的装备，比美国和俄罗斯的同类运输机性能要好。

2. 考虑到战争的需要，运输机对机场跑道的要求不能太高，运 –20 可以很好地在较短跑道上起降。

3. 运 –20 采用轻质材料，运用了 3D 打印技术生产零部件，飞行平稳。

战略空军之梦由此开始

介绍了这么多，运 –20 具体能做些什么呢？

作为大型战略运输机，首先当然是战略运输，运 –20 可以将装甲车、坦克甚至拆掉旋翼的武装直升机等武器装备迅速部署到战场，将会和之前拥有的运 –8、运 –7 形成高低搭配，增强我们国家空军的远程机动能力和战略投送能力。

改装成预警机和加油机。之前介绍过空警 –2000 和轰油 –6 的飞机平台都不理想，今后可以把运 –20 改装成预警机、空中加油机和大型电子侦察机等，这样无论是性能，还是国产化程度都大大提高了。

战役投送。2008 年的汶川特大地震时，解放军在抢险救灾、部队集结和空运物资方面暴露出一些不足，今后需要较多的大型运输机加以弥补。如果以后爆发战争，武装力量的投送也需要大量运输机。所以今后运 –20 需要大批量生产。

对外出口，输出中国制造。全世界能生产大型运输机的国家如此稀少，运 –20 自然也是抢手货，未来很多国家有可能采购运 –20 来满足自己的需要。

总之，有了这款大型运输机，中国再也不会在远程战略输送上难以施展拳脚，高端武器也更加多样化，我们国家的和平也就有了更大的保障。

歼-20，隐形机中的战斗机

来无影去无踪的隐形杀手

2017 年 2 月，美国奈里斯空军基地，正在举行世界知名的美国“红旗军演”。什么是“红旗军演”呢？它是美国一年一度的大规模军事演习，由来自各地的（包括美国的盟国）的受训飞行员编成“蓝军”，与由单纯美军组成的“红军”（代表假想中的敌国或敌对势力）进行对抗。红军固定由美国奈里斯空军基地第五十七联队旗下的第四一四战斗训练中队担任，他们都是美军当中的精锐，可以模仿全世界各个主要国家的战机战术及空中作战动作。红军在对抗中从来不手下留情，经常将蓝军打得大败。但这一年，红军却知道了蓝军的厉害。这是为什么呢？

这一年，蓝军部队主要由最新式的四代机（北约标准）F-35 和 F-22 隐形战机组成，而红军部队则维持旧有的以 F-16 和 F-15 战斗机的改进型号为主的阵容。F-16 和 F-15 战斗机都是三代机中的佼佼者，在过去的越南、海湾、伊拉克等多场战争中有着极为优异的表现。为了增加蓝军的对抗难度，红军部队在战机和地面防空武器的数量与质量上，跟以往比，还大大加强了。

几天的演习下来，结局则让无数人瞠目：蓝军 F-22 战斗机在 F-35

战斗机的配合下，竟然创造了 1 ∶ 20 的交换比。大多数红军战机还在小心戒备，不知道敌人在哪里时就被远方飞来的导弹击中，被演习指挥部裁定为遭到击落。红军取得的唯一战果，还是在发现了敌机的情况下，采取近距离缠斗的方式，经过苦战，才用机炮击落了一架 F-22 战斗机，可以说是侥幸获胜。即使到了演习的白热化阶段，红军使用了大量防空武器，这个杀伤比仍保持在 1 ∶ 15 的可怕水平！

在此次军演的几个月后，在中国的内蒙古草原，一个叫朱日和的地方，一架绝不亚于 F-22 和 F-35 的四代隐形战斗机出现在中国人民解放军的阅兵式上空，向全世界彰显了自己的风采。用事实证明，四代机时代的天空绝不只属于某个国家。这款四代隐形战机就是中国的歼 -20！

开启空战新时代的战机

1990 年的海湾战争，看似强大的伊拉克军队在美军强大的空中打击下，1 个多月就迅速土崩瓦解。等到美国陆军发起攻势，只用了 100 个小时就结束了战争。这让全世界都对夺取制空权有了新的认识。在美国强大的战斗机编队威胁下，伊拉克空军甚至不敢起飞迎战，任由自己的陆军在美国的轰炸机与攻击机的狂扫下灰飞烟灭。这，让全世界看到了先进战斗机的重要性。也是从那时起，中国政府更加迫切地意识到没有强大的空军，就无法在现代化战争中取得优势。此后不久，就从俄罗斯引进了先进的第三代重型战斗机苏 -27，但苏 -27 虽然是很先进的飞机，却称不上是世界顶尖。1997 年，代表世界最先进战斗机水准的美国第四代战斗机 F-22 正式对外公布，更是让中国意识到了自己的不足。因此下大力气研制真正属于自己的四代机，才终于有了歼 –20 的问世。

那么第四代战斗机到底是指什么呢？自从二战末期，人类进入喷气式飞机时代开始，世界上已经有了四代战斗机（北约标准）：

第一代战斗机，最大飞行速度最多刚刚超过音速，最高可以飞到 1.5 万米，但电子设备和机载武器仍然十分落后，基本只能使用机枪或机炮，后期型号可以发射早期导弹。其代表机种为西方的 F–86“佩刀”，和苏联的米格 –15、米格 –17 等。我国在朝鲜战争当中也曾使用过苏制的米格 –15。朝鲜战争后，我国陆续引进了苏联的米格 –17（我国仿制改进后命名为歼 –5）、米格 –19（我国仿制改进后命名为歼 –6）。

第二代战斗机，最大飞行速度可以超过 2 倍声速，最大飞行高度超过 2 万米，有独立的电子设备，如雷达等系统，可以发射空空导弹，但不能攻击飞行员视野以外的敌人。其代表机种为西方的 F–4、苏联的米格 –21 等。中国引进仿制改进了米格 –21，命名为歼 –7，后又自行研制了歼 –8。苏联也将一些具备攻击飞行员视野之外敌人能力的二代机，如苏联的米格 –23 单独划为一代，因此也有人采用这一标准将战斗机发展划分为五代。

第三代战斗机，也是当今世界各国的主力战机，特点是有优秀的格斗性能、机动性能，具备全天候的作战能力。其拥有电传操纵功能，能发射攻击飞行员视野范围外敌人的空空导弹（进行超视距攻击），并且能够上视上射、下视下射（全方位攻击，不必与对方处于同一平面），兼顾攻击地面目标。难怪美国红军在军演中有如此胆量。其代表机型有美国的 F–14、F–15、F–16、F–18，苏联的米格 –29、苏 –27、苏 –30，

中国的歼 –10、歼 –11、歼 –15 等。

第四代战斗机：具有隐身、超机动、持续性超声速巡航、数据链传输、高维护性、短距起飞的特点，代表机型是美国的 F–22、F–35，中国的歼 –20。

另外还有一些战斗机性能介于三代与四代之间，如法国的阵风战斗机、欧洲多国联合研制的台风战斗机等，被称为三代半战斗机。

第四代战斗机之所以强大，就在于隐形能力强大，可以在敌人未发现自己的情况下进行攻击，击落敌人后立即远走，最大限度消灭敌人、保护自己。同时它的机动能力、联合作战能力都远超三代机。

F–22“猛禽”战斗机是全世界第一种批量生产并投入实战的第四代战斗机，在实战中目前从未被击落，代表着世界战斗机工业的最高水准。歼 –20 的量产，标志着 F–22 独领风骚时代的结束，空战进入了四代机彼此竞争的新时代！

中国航空工业的骄傲

歼 –20 是中国自行研制的一款具备高隐身性、高态势感知、高机动性等能力的隐形第五代战斗机。那它是什么时候研发的呢？1997 年美国第四代战斗机 F–22“猛禽”首飞的同年，歼 –20 正式立项。后经两次飞跃，2009 年出炉首架技术验证机，2011 年 1 月 11 日在成都黄田坝军用机场首飞。对外公开，是 2016 年 11 月 1 日参加珠海航展，并首次对外进行双机飞行展示。

2017 年 7 月 30 日，在内蒙古朱日和训练基地，庆祝中国人民解放军建军 90 周年阅兵式上，3 架中国空军的歼 –20 重型隐身战斗机组成箭形编队集体亮相，顿时成为国内外关注的焦点之一。虽然这次已不是歼-20的首次亮相，但这次的3架歼-20都已经在垂尾上涂有以数字7开头的五位服役编号。一般来说，中国空军现役战机的数字编号以7开头的多为试训部队，这说明歼-20重型隐身战斗机，已经进入小批量交付部队试用阶段。这一喜讯说明中国已经成为继美国之后，第二个走完第四代战斗机论证、评估、设计、研发、原型机测试、定型生产、最终服役全部阶段的国家。这在我国的航空发展史上有着划时代的意义。

除了歼-20重型隐身战斗机以自身出色的隐身性能所带来的巨大战略战术优势之外，该机的批量装备服役对于中国空军航空兵战斗机飞行员的素质提升，还有战术的革命性进步也有巨大促进作用。很多第三代战斗机时代所不敢想、不敢做的战术模式创新，在第四代战斗机服役后正在逐步成为可能。

第八章

8

环保科技：绿水青山，金山银山

第一节　生态产业：打造绿水青山

生态工业，工业与环保的结合

世界八大公害事件

随着人类社会进入工业时代，人们的生活发生了翻天覆地的变化，但工业时代带来生产力的飞速发展的同时，也带来了可怕的污染，在20世纪，全世界的各主要工业国家发生了八次震惊世界的因为工业污染导致的公害事件，让全世界至今铭记：

1930年，比利时马斯河谷烟雾事件，导致60多人死亡，数千人患病，原因是附近的工厂排放了大量二氧化硫和粉尘，使得河谷地区污染物堆积导致惨剧。

1948年10月，美国多诺拉镇烟雾事件，导致5910人患病，其中17人死亡，原因同样是工厂排放大量二氧化硫和粉尘等污染物。

1952年12月，伦敦烟雾事件，5天内就导致超过4000人死亡，事故后的两个月内又有数千人因此陆续去世。原因是燃煤导致的大量二氧化硫及粉尘经氧化形成酸雾，造成呼吸道和黏膜的严重灼伤。

1940年至1960年，美国洛杉矶几乎每年都出现光化学烟雾事件，烟雾致人五官发病、头疼、胸闷，汽车、飞机安全运行受到威胁，交通事故增加。而且每年都会导致多位老人因呼吸系统疾病去世。光化学烟雾是大量聚集的汽车尾气中的碳氢化合物在阳光作用下，与空气中其他成分发生化学作用而产生的多种有毒气体。

1952 年到 1972 年，日本熊本县水俣湾附近的渔村间断出现特殊疾病，人们称其为水俣病，主要症状有感觉障碍、疼痛、麻木、偏瘫、精神迟钝、性格异常、癫痫、视力障碍等。原因是工厂排出大量含汞的废水，导致大批人中毒，共计死亡 50 余人、致残 283 人。

1931 年到 1972 年，日本富山县间断出现大批骨痛病患者，原因是工厂排出大量含镉离子的废水导致环境污染。导致 34 人死亡、280 余人患病。

1961 年到 1970 年，日本四日市间断出现因严重空气污染导致出现大批哮喘和肺气肿患者，受害人 2000 余人，因病死亡和不堪病痛而自杀者达数十人。

1968 年，日本生产的米糠油因工艺错误，产品混入剧毒物质多氯联苯，导致 5000 余人患病、16 人死亡，还有数十万只鸡死亡。

生态工业，人类的希望

面对不断出现的重大污染事件，世界各国都在反思应当如何避免类似的惨剧再次发生。经过多年的研究，科学家提出了生态工业的工业新模式。生态工业其实是借鉴生物圈的生态循环理论，那么什么是生态循环呢？我们来举个简单的例子，在《动物世界》之类的电视节目里，我们会经常看到这样的场景：一只狮子在草原上借助周围的环境，隐蔽地接近并迅速猎杀了一只正在吃草的羚羊，狮子饱餐一顿后扬长而去，剩下的残骸会被鬣狗、秃鹫之类的食腐动物吃掉。最后剩下的部分，还有狮子、鬣狗的尸体，会在微生物的作用下被分解，成为土壤里的养分，被草等植物吸收，草又成为羚羊一类的食草动物的食物。至此，一个生态循环就完成了。在这个生态循环里，一切物质都是循环利用的，没有真正意义上的废物。

生态工业正是要效仿生态圈里物质循环利用、没有废物的特点，将过去当作废物的废水、废气、废渣利用起来，变废为宝，让它们能够发挥新的作用，既然没有了废物，自然也就没有了污染。

那么怎样才能废物利用、变废为宝呢？我们还是以实际例子来说明：广西贵港生态工业园以制糖业为主，以甘蔗为原料制糖，然后用制糖产生的废糖蜜制作酒精，再用制作酒精产生的酒精废液制造复合肥料。同时甘蔗制糖后剩余的甘蔗渣用来造纸。这样整个生产流程中产生的所有废物，都得到了有效利用，没有废料排放，基本实现零污染。

有人或许会说这是食品加工业，比较容易做到无废料，但如果是化工行业就很困难了。其实也一样可以做到，我国的鲁北国家级生态工业园区是世界上为数不多的、成功运行多年的典型生态工业园区，园区拥有三条高度相关的生态产业链，分别是磷铵—硫酸—水泥联产（PSC）、海水“一水多用”和盐碱热电联产。PSC 生态工业链中的原料为海水、磷矿石、煤矸石，产品是磷铵、水泥、烧碱、溴素等，所产生的废料全部成了原料，不同的产品的废料成为另一些产品的原料，节约了大量的生产成本，同时也节约了大量资源。

走向未来的生态工业

截至2019年，我国批准开展国家生态工业示范园区建设的共有45个，批准为国家生态工业示范园区的共有48个。在未来，生态工业取代传统工业已经是大势所趋，相信在未来，所有的工业区都能迎来绿水青山，还能为世界环境保护做出贡献。

未来的生态工业会向着信息化方向发展，和网络制造、人工智能逐渐融合，同时国家给予生态工业以法律保障，促进它的制度化、规范化和科学化。还要打破地域的限制，实现区域、城市、乡村等不同层次的生态工业园的联动和互动，在资源、交通、劳动力等方面形成优势互补。同时，中国的生态工业不但要造福国人，还要积极走出去，将生态工业技术输送到国外，实现国际化发展，建立自己的生态品牌。

此外，生态工业不是孤立的，完全可以和生态农业、生态旅游结合在一起，实现资源、能源、信息等生产要素的相互利用和集成共享。

相信在未来，我们将把各方面的生态建设紧密结合在一起，建设生态化的地球村。

生态农业，从乡音到乡情

新时代的“空中花园”

古巴比伦有著名的空中花园，被古希腊的著名历史学家希罗多德列入世界七大奇迹，不过早已灰飞烟灭，不过现在人们已经有了新的空中花园，而且已经飞入寻常百姓家，这就是生态农业创造的奇迹。

现代城市不断扩张，高层建筑布满了城市，但绿化面积却越来越少，这时就有农学家提出在屋顶进行绿化和运用无土栽培的新技术。人们把这种方式称为“空中农业”。

可以在高楼的楼顶建造一个空中花园，先在屋顶地面进行防水处理，铺上一层薄薄的土壤，然后种植树木、花草。曲折的甬道穿行其间，并有靠椅供人们休息。而且近年来，园艺师们开始采用锯末代替土壤的栽培方法，锯末质量轻、价格低，来源广泛，还松软透气、吸水保湿，其中还含有庄稼生长、发育所必需的微量元素。一些在楼顶上造锯末田种植蔬菜瓜果的试点地区，既绿化了环境，还收获了很多作物，产生经济效益。经过绿化的楼顶房间，室内温度冬天升高 3℃—5℃，夏天降低 3℃—5℃。

除了空中花园的美景，还有鱼菜共生的奇观：下面是鱼缸，鱼缸上面有蔬菜种植，二者之间由管道连接，鱼菜共生成为循环农业发展的一项新技术。鱼的代谢物在水里被微生物分解后成为养料，通过管道循环到上边供蔬菜生长，而蔬菜的分解物也能供给下边的鱼。这样可以做到养鱼不用换水，种菜不用施肥。

此外还有更加神奇的“白色农业”，也就是微生物资源产业化的工业型新农业，依靠生物工程当中的“发酵工程”和“酶工程”来促进农业生产。“白色农业”的生产环境要求高，绝对无污染，具有非常高的安全性。“白色农业”的操作者在生产车间里必须穿戴白色工装和工作帽，所以才有“白色农业”的说法。这种新模式可以生产微生物食品、微生物肥料、微生物农药和兽药、微生物能源、微生物生态环境保护剂、微生物医用保健品及药品等。以后再也不用担心牲畜会和人类抢粮食了！

最有前景的农业模式

在原始社会，采用刀耕火种的方式，效率很低，人们平时也只能勉强吃饱肚子，一旦遇到灾年，可能就有饿死的风险。到了近现代，石油工业的发展解决了人们吃饱饭的问题，一方面是石油工业让化肥的产量暴增，能够保证庄稼茁壮成长；另一方面石油让农业机械得到大规模应用，工作效率高了很多，因此这种农业也被称为石油农业。石油农业的缺点，就是严重依赖能源开采，污染环境，而且石油毕竟是不可再生资源，一旦用尽就无以为继了。

很多人难以想象，农业其实是一种浪费很巨大的产业，每亩地每年产生的农业有机垃圾可能会超过 2 万斤，和每年农作物的产量相当。曾经有位农业专家这样说，中国的农业废弃物如果能充分利用起来，完全可以不用化肥。这种设想现在已经逐渐成为现实，“零废弃生态农业”已经开始在中华大地上推广开来，过去传统的农家肥因为味道大，所以有时让人难以接受，现代生态农业将鸡粪、猪粪等废弃物经生物催化后，变为无臭无味、可溶于水的粉末，随水施洒在土壤当中，让本来寸草不长的宅基地和盐碱地都能变为良田，而成本要比化肥低很多。其实这种“零废弃生态农业”就是“生态农业”的一种。

生态农业，就是在保护、改善农业生态环境的前提下，遵循生态学、生态经济学规律，运用现代科学技术，获得比较高的经济效益。

循环利用的生态农业

其实生态农业在本质上就是一种循环利用的生态体系，原理就是把多种互助互补的农业生产体系融合在一起。比如，广东、浙江等地非常流行“桑基鱼塘型”生态农业：挖出一个鱼塘，里面养殖鱼苗；在鱼塘四周栽种桑树，并用桑叶养蚕，再用蚕砂喂鱼，再把鱼屎发酵成肥料给桑树施肥，这样就形成了一个闭合的生态循环系统，废物得到完全利用。

很多人以为生态农业是不使用化肥、农药的，其实这是一种误解，生态农业并不排斥化肥、农药、除草剂这类化学物质，这样便于保证较高的产量，但又和石油农业不同，注重保持整体的生态平衡，做到山、水、田的综合利用，在施肥方面注重有机肥料的使用，注意病虫害的生物防治和综合治理（比如使用害虫的天敌），最大限度减少农药带来的污染。

我国已经开始大力发展生态农业，在过去的几年里，农业资源利用的强度有所下降，农田灌溉水有效利用系数提高到 0.55 以上，退耕还林还草 4240 万亩，耕地轮作休耕制度试点扩大到 1200 万亩。农业污染加重的趋势缓下来了，全国农药施用量实现零增长，化肥使用量接近零增长，绿色防控技术应用面积超过 5 亿亩，畜禽粪污综合利用率、秸秆资源综合利用率和农膜回收率均达到 60% 以上。

很多农业专家都认为生态农业是最适合我们国家的农业发展模式，可以做到农业生产和环境保护方面双丰收。

生态旅游，让旅游更舒爽

生态旅游不只是很美

一提到旅游，大家脑海里涌现的就是各种自然美景和特色的文化景观，这当然是旅游的重要组成部分，但生态旅游可不仅仅是这么简单，它不再是对自然的一味索取与利用，而是能够保护生态、改善生态，甚至是创造生态。听起来似乎很夸张，但其实在很多地区已经转化为现实。

千年古城徐州因为采煤而导致出现了面积巨大的沉陷地，在生态环境方面可谓欠债累累。在现在煤炭资源已经日趋枯竭、生态遭到严重破坏的现实面前，徐州人以生态修复和绿色发展走出了一条可持续发展之路，较浅的塌陷地，采取削高补低、修复整平的方式，或是复垦耕种，或利用地形搭建温室大棚，实行高效农业；塌陷深度大于 2 米，已经无法耕种的土地，则因地制宜挖湖引水，建设成人工乡村湿地。

经过坚持不懈努力，同时又进行了堪称是创造性的生态修复，徐州从“一城煤灰半城土”一跃转变为“一城青山半城湖”，从一个曾经的生态濒危城，变成一座环保模范城。

有好风景的地方才能拥有新经济，这些由废地荒地转变为宝地美地的新生态景区，成为当地的一张亮丽新名片，衍生出旅游、餐饮等大规模产业链，极大地拉动了周边经济快速发展，改善了当地居民的生活条件，为当地居民提供了创收增收的大好机会，真正做到了生态旅游让生活变得更加美好；反过来，旅游也让生态变得更美好、更和谐！

对旅游者和当地居民而言，生态旅游活动的互动，提高了对自然及人类自身的审美情趣，从而改变了环境和生活方式，使得大家都能拥有更美好的生活。

互惠互利的生态旅游

生态旅游具体是个什么概念呢？国际生态旅游协会把它定义为：在一定的自然区域中保护环境，并提高当地居民福利的一种旅游行为。后来又把定义调整为具有保护自然环境和维护当地人民生活双重责任的旅游活动。从这里不难看出生态旅游是强调互惠互利，以保护生态环境为前提，以统筹人与自然和谐发展为准则，并依托良好的自然生态环境和独特的人文生态系统，采取生态友好方式，开展的生态体验、生态教育、生态认知，并获得心身愉悦的一种特殊的旅游方式。生态旅游所强调的是回归大自然和促进自然生态系统的良性运转，二者缺一不可。

其实，当今世界的很多资源与环境问题，如全球变暖、酸雨漫延、臭氧空洞等，都是危及全人类的，而要想治理好，也必须得到全球的广泛支持与合作，换而言之，只有摒弃“各人自扫门前雪，休管他人瓦上霜”的思想，人类才可能真正实现可持续发展的目标。这也是生态旅游所要坚持的原则。所以，生态旅游发展的终极目标就是可持续，保证生态旅游地的经济、社会、生态效益的可持续发展。那么生态旅游可以分为哪些种类呢？国家旅游局为我们提供了答案：

1. 山岳生态景区，如五岳、佛教名山、道教名山。

2. 湖泊生态景区，如长白山天池、肇庆星湖、青海青海湖等。

3. 森林生态景区，如吉林长白山、湖北神农架、云南西双版纳热带雨林等。

4. 草原生态景区，如内蒙古呼伦贝尔草原等。

5. 海洋生态景区，如广西北海及海南文昌的红树林海岸等。

6. 观鸟生态景区，如江西鄱阳湖越冬候鸟自然保护区、青海湖鸟岛等。

7. 冰雪生态旅游区，如云南丽江玉龙雪山、吉林延边长白山等。

8. 漂流生态景区，如湖北神农架等。

9. 徒步探险生态景区，如珠穆朗玛峰、雅鲁藏布江大峡谷等。

千姿百态的旅游形式

生态旅游当然好，但有哪些方式来开展呢？一种是生态修复加生态旅游，典型的例子就是上面介绍的徐州对生态的修复。

另一种则是特色文化加生态旅游。生态旅游的对象不只是自然风光，还有当地的特色文化，甚至可以说特色文化才是旅游体验的真正核心。中国广阔的地域和众多的民族带给不同地区以各具特色的精神面貌。各地区和民族独特的服饰、节庆、食物、风俗习惯……都是生态旅游的宝贵资源。游客通过了解认识地域和民族文化，才能真正理解当地的精气神。这对地区的发展和团结有很大的帮助。

第三种就是户外体验加生态旅游。很多珍稀生态旅游资源都位于生态非常脆弱的地区，稍不小心就可能导致当地永久性的生态破坏。如珠穆朗玛峰，那是世界级的自然保护区，珠峰大本营绝不允许有永久性建筑，无论是什么身份的贵客在那里也只能住帐篷。所以在这类地区旅游其实单纯论舒适度并不好，但很多户外运动爱好者就是喜欢这种挑战感，乐在其中，比如登山、徒步越野、骑行、跑酷……只要有一颗崇敬和敬畏自然的心就可以。

生态旅游结合这一特点推出特色游，在合理的规划和有效的管理中与自然实现和谐互动，获得深度的体验和终生难忘的感受。

最后一种是自驾加生态旅游。自驾游本质上也是户外体验的一种，但适用范围更广，对一些广袤无垠、人迹罕至的景区来说，更是不二选择。追风草原，环湖览胜，触摸山巅，舌尖盛宴，民俗风情，一切都在自由驾驶的过程中体验。

第二节 新能源：还人们一个碧水蓝天

太阳能发电，光伏技术的闪耀

取之不尽的太阳能

大家都做过这样的实验，用一个放大镜把阳光都聚集到一点，照在一张纸上，过了一会儿，纸就会冒烟甚至燃烧，这就是太阳能的力量。当然只靠一个放大镜聚集的能量有限，还有人做过这样的实验：用 168 块 15 厘米见方的镜子，从不同的角度把阳光反射都集中在一点上，居然可以点燃 60 米外的木头，让 39 米外的铅条和 18 米外的银丝熔化。

有科学家计算过，太阳每秒辐射出来的能量相当于 5000 万亿亿马力的发电机的总功率，就算经过遥远距离的损耗和地球大气层的吸收和折射，到达地表的能量功率依然有 81 万亿千瓦 / 秒，相当于全世界每年发电量的千倍。而且太阳能无污染，取之不尽、用之不竭。因此，太阳能是未来人类最理想的能源之一。

其实我们日常所用的一切种类的能源，都是直接或间接从太阳能转化而来，包括风能、化学能、水的势能等，这类能源也可以利用起来，但受地理环境、能源分布的限制。甚至石油、煤炭等化石能源，本质上也是数亿年来太阳能累积的结果，但化石能源无法再生，有污染，不是比较理想的太阳能利用形式。到了近现代，人们开始谋求直接利用太阳能，如太阳能发电、太阳能热水器等。

那么，人们是怎样把太阳能转化为电能的呢？靠的是太阳能光伏技术。

光电转换的光伏技术

光伏板组件是一种暴露在阳光下便会产生直流电的发电装置，由几乎全部以半导体物料（例如硅）制成的薄身固体光伏电池组成。简单的光伏电池能够给手表及计算机提供能源，较复杂的光伏系统可以帮助房屋照明，并连接电网进行供电。光伏板组件可以制成不同形状，而组件又可以彼此连接，以便产生更多的电力。

常用的太阳能电池是硅电池，一块硅板分为两面，一面均匀地加入磷，另一面均匀加入硼，两面以金属电极连接。硼原子的外层比磷原子少一个电子，加入硼会带入很多带正电的空穴，导电类型就是空穴导电，称为“P 型硅”，这片区域称为 P 区。磷原子的外层比硼原子多一个电子，加入磷就会带入很多带负电的电子，属于电子导电，称为“N 型硅”，这片区域称为 N 区。这两个面用电极连接后，就形成了“PN 结”。N 型硅里的多余电子会向 P 型硅扩散，N 区就多了很多不动的正电荷。P 区的多余空穴会向 N 区域扩散，这样 P 区就多了一些固定的负电荷。正电荷和负电荷在两区交界处累积，形成电场。

当太阳光照射到 PN 结的一面时，光子具有能量，不断将能量传递给 PN 结上的电子，就像是猛然用力拉了电子一下，使得电子脱离原子核的束缚，离开原本的位置，原来的位置就出现了空穴。在PN区交界面两边的电场作用下，不断产生的电子被驱赶到N区，空穴被赶往P区，就像一个水泵把水从低处抽到高处一样，这样就有了电子的定向流动，电流随之产生。这就是太阳能发电的原理。当然这时产生的电是直流电，而我们平时用的大多数是交流电，所以还要添加转换设备，把直流电转变成交流电，并且调整为适宜的电压。

太阳能发电的最大优势在于发电设备相对简单，而且几乎不受场地限制，这是其他发电方法不具备的优点。例如，火力发电需要大量煤炭，所以往往靠近煤矿，还要考虑对周边环境的影响；水力发电需要落差较大的河流；核电站一般需要靠近水源，还要考虑核废料等问题。但太阳能在地表几乎无处不在，甚至在居民小区里的广场和楼顶都可以架设太阳能电池板。相信在未来，太阳能发电真的可以走进千家万户，让我们迎来一个新能源时代。

前景无限的华夏能源

中国土地广阔，拥有极为丰富的太阳能资源。多数地区的年平均日辐射量在每平方米4千瓦时以上，西藏地区的日辐射量最高可达每平方米7千瓦时。年日照时数大于2000小时。中国的太阳能资源的理论储量高达每年1.7万亿吨标准煤，是世界上太阳能资源最丰富的国家之一，所以这方面开发利用的潜力非常大。

如果将这些太阳能全部用于发电，约等于上万个三峡工程发电量的总和。因此，我国现在已经致力于推广太阳能光伏发电系统，是全世界光伏发电能力最强的国家之一。

中国太阳能利用进入大规模实用阶段的条件，到现在已经基本成熟。中国目前是世界上产量最大的太阳能消耗品生产国，农村地区的太阳能光伏产品消费市场已经打开，并网太阳能光伏发电站及建筑物屋顶并网太阳能光伏发电工程也已启动。目前，中国光伏产业迅猛发展，已成为世界光伏产业和市场发展最快的国家之一。

赛罕坝风电场，风能的标杆

清洁能源之王

世界上目前已开发利用的清洁能源当中，风能是对环境的影响最小的。一部 5 兆瓦的风力发电机能够不消耗任何燃料，就从空气的流动中获取价值超过 4 亿人民币的电能。2010 年，中国风电装机容量就已经超越美国成为世界第一。但中国的雄心根本不会就此停步不前。

2009 年，我们国家开始在上海附近建设高难度的海上风电工程，一年后，亚洲最大的海上风电场出现在东海大桥的东侧，并且赶在上海世博会召开前成功并网发电。此后，无论是中国东海岸还是西部的大戈壁，一座座风电场拔地而起。

中国现在拥有世界上最大型的海上风力发电机——SL5000，它堪称风力发电机当中的巨无霸。它的机舱上甚至能够起降直升机，它的风轮高度超过了 40 层楼。SL5000 系列风力发电机组是中国第一种自主研发、具有完全知识产权、全球技术领先的电网友好型风电机组，采用先进的变桨变速双馈发电技术，单机容量为 5000 千瓦。

太阳的馈赠，身边的能源

风能是空气在太阳辐射作用下流动所形成的。风能与其他能源相比，具有明显的优势，它蕴藏量大，是水能的10倍，分布广泛，永不枯竭，在交通不便、远离主干电网的岛屿及山区依然可以发电。

人们从2000多年前就开始利用风帆和风车来为自己服务，到了现代，人们利用风能发电，可用于充电、照明、无线电通信等。风力发动机由风轮、机头、机尾、回转体和塔架五大主要部分组成，风轮的直径越大，接受的风能也就越多，风力发动机的功率也就越高。

风力发电的难题有两个，第一是风向是不断变化的，要不断调整风轮的方向以便始终都能接受风能，所以在风力发电机的后半部分有一个类似方向舵的装置，可以不断改变方向。第二，风力大小不是恒定的，为了保证发电量充足，或在风力过大时保护好发电机，风轮的叶片是可以转动的，随时改变叶片的迎风面积。

我们国家使用风能的历史已有几千年了，到了现代，也兴建了大批的风力发电场，以便利用好这种绿色能源。现在，我国最大的风力发电场——塞罕坝风电场位于河北省最北部与内蒙古交界处，这里是典型的山地地形，海拔1500米以上，属于高寒地带，全年无霜期只有3个月，最低气温达零下42℃，施工必须经常在冰天雪地里苦战，还要忍受狂风肆虐。再加上地质条件复杂、交通状况闭塞、物资供应紧张等困难，要在这样一个地方建设世界顶级规模的风电工程，其中的艰难可想而知。

极端恶劣的条件没有挡住中国风电人的脚步，反而淬炼出塞罕坝

“吃风沙”精神。他们主动缩短工期，每项工作都以分钟计算。40天就建成一座220千伏变电站，创造了国内变电站建设的奇迹。

在这种“吃风沙”精神的引领下，中国风电人乘胜追击，创造着高寒地区风电建设的一个又一个奇迹：2006年建成了亚洲最大在役风电场，2007年建成世界最大在役风电场，2012年率先建成国内首个百万千瓦级风电场。截至2017年年底，在役装机容量达152万千瓦，建成同一投资控制与运营主体、同一区域的世界最大风电场，容量排名为世界第一位。

从零起步，领跑全球

塞罕坝风电场只是我国风力发电发展的一个代表和缩影，中国的风电产业从零起步，从无到有、从小到大、从弱到强，走过了一条迂回曲折又波澜壮阔的崛起之路。

尤其是近年来，中国风电连续多年新增装机容量居全球首位，如今已经取代美国成为全球第一风电大国。风电如今已经超越核电，成为仅次于火电、水电的中国第三大主力发电能源。

2000年，中国风电装机容量只有30多万千瓦，2010年，装机容量达到4400万千瓦，2012年中国风电装机突破6000万千瓦。2015年2月，中国风电迎来新的里程碑——并网风电装机容量首次突破1亿千瓦。截止到2019年年底，中国的风电装机容量已超过1.8亿千瓦。

不仅是装机容量快速增长，中国风电的增长速度更让人惊叹，连续多年平均复合增长率达到100%。到2018年，中国陆上风电新增装机已连续9年保持全球第一。“中国风速”令世界为之赞叹。

同时，中国的风力发电机已经基本是国产品牌的天下，2018 年，国外品牌在中国的市场占有率只有 4%。

不仅如此，中国的风电技术和风电产品开始走出国门，开拓国外市场。用中国风电人的话说就是“当初我们把洋师傅请进来，今天我们走出去当师傅”。这正是新时代中国风电产业今非昔比的真实写照。目前，中国的风电项目已经先后登陆美国、加拿大、德国、埃塞俄比亚等多个国家。全球风能理事会的报告评价称，近年来，中国风电行业不仅自身发生了蜕变，也深刻改变了世界风电格局，成为全球风电产业新的“风向标”。

齐头并进的未来新能源

月球与大海的馈赠

涨潮为潮，落潮为汐，合起来称为潮汐。潮汐犹如大海的呼吸一样遵守着规律，每隔 12 小时 35 分钟发生一次，循环往复，永无休止。这是地球上的海水在月球的引力作用下形成的自然规律。潮汐蕴藏着巨大的能量，据科学家估计，整个地球上的每次潮汐蕴藏着 10 亿多千瓦的能量，如果能够充分利用，可以带给人类巨大的能源供应，而且永不枯竭，毫无污染。

潮汐发电的原理比较简单，和一般的水力发电差不多，修建一座大坝把靠海的河口或是海湾和大海分隔开，形成一座水库，在大坝中间修建闸门和水轮发电机，利用海水的涨落，推动发电机的叶轮旋转做功，进而发电。我国的海岸潮汐能储量是非常丰富的，大约有 1.9 亿千瓦，其中浙江、福建沿海就超过 7400 万千瓦。

浙江是潮汐发电的主力省，浙江江厦潮汐电站是我国已建成的最大的潮汐电站，隶属中国国电集团，总装机容量 3200 千瓦，年发电量 600 万度。

目前来看，潮汐发电的发展水平还不是很高，主要是对电站选址的要求较高，且相应的发电技术还不完全成熟。但考虑到潮汐与风力相比有着极强的规律性，便于掌控；相对太阳能，太阳能板的制造对环境有一定污染，而潮汐能是无污染的，所以相信在未来等潮汐发电的技术更加完备后，它也有希望成为未来的新能源之星。

独辟蹊径的温差能发电

海洋受阳光的照射，表层的海水温度比深层要高，两者的温差能可以用于发电，我国的南海表层水温大约为 25℃，海面下 500 米的水温则只有 5℃，温度相差 20℃的海水，每吨蕴藏的热能大约相当于 3 吨煤。地球上所有海水温差所包含的热能相当于40亿亿吨煤的发热量，而这一能源来自太阳，永不枯竭。

那么怎么利用温差能来发电呢？通过热水泵从海洋表层抽取温海水送到蒸发器当中，蒸发器里有液氨，液氨的特性是在温度超过零下 20℃时就能沸腾，当液氨吸收了温海水的能量后就会沸腾变为氨气，大量氨气受热膨胀就会推动发电机做功，从而达到发电的目的。做功后的氨气蒸气失去能量，压力和温度都已经降低，此时会进入冷凝器，利用海洋深处的冷海水进行进一步降温，再用增压器加压，此时氨气会变回液氨，被输送回蒸发器，这样循环使用，不断发电。海水温差能发电的原理说起来似乎很简单，但在2012年之前，只有美国和日本掌握应用海洋温差能发电的技术，因此这属于世界尖端科技。

2012年10月26日，中国的“15千瓦温差能发电装置研究及试验”课题研发获得成功并通过验收，使得我国成为第三个独立掌握海洋温差能发电技术的国家。海水温差能发电技术还将继续发展，相信终会有大规模投入使用的那一天。

源自大地深处的礼物

我们经常会在电视上看到火山喷发的场景，由此不难想象地球内部很多地方都相当于一个个巨大的“锅炉”，会寻找时机向地面喷发无穷的热量。科学家估计每年从地球内部传递到地表的热量，大约相当于1000亿桶石油燃烧发出的总量，因此地热资源是非常庞大的。那么怎么才能把地热资源转化为我们能够利用的形式呢？在地表的一些地方，存在会向外界喷射蒸汽和热水的区域，比如温泉就是其中的代表，这类地方地热区域距离地表很近，方便人们开发。人们会打一眼竖井到达热岩层，再挖一眼斜井与竖井的底端相连。用炸药使得竖井底部的干热岩层出现空洞或缝隙，然后从斜井灌水进入空洞或缝隙，水被地热加热后变为蒸汽沿竖井上升到地表，推动地表的发电机做功产生电流。

西藏羊八井地热电站是我国最大的商业地热发电站，也是世界上海拔最高的地热电站，初期承担拉萨市平时供电的50%和冬季供电的60%，被誉为世界屋脊上的一颗明珠。1977年至2011年年底，累计发电 26.79 亿千瓦时，与燃煤电厂相比，节约标准煤 88.4 万吨，减少二氧化碳排放量 318 万吨。

我国地热发电规划根据《地热能开发利用“十三五”规划》要求，在“十三五”规划（2016—2020 年）时期，新增地热发电装机容量 500 千瓦，到 2020 年，地热发电装机容量约为 530 千瓦。在西藏、川西等高温地热资源区建设高温地热发电工程；在华北、江苏、福建、广东等地区建设若干中低温地热发电工程。

此外，还有沼气能源、垃圾能源等多种新的能源形式在不断研究当中，终有一天，新能源将逐步取代旧能源，以更科学、更环保的方式点亮我们的生活。

第九章

9

创新中国：多方驱动，复兴梦圆

第一节　中国创新，引领世界潮流

创新，祖国腾飞的驱动力

复兴之路，创新助力

现在中国正处于5000年来科技发展最快速的时代，科技创新的整体能力也在不断提升。中国现在已经成为全球第二大科技研发投入大国和第二大科技研发产出大国，各类创新指标已经步入世界前列。科技发展水平从过去以跟随其他科技强国发展轨道为主，开始进入逐渐和其他强国并跑、领跑并存的新阶段，中国不再只是模仿者，而是创造者、领先者。现在，中国的重大科技创新成果不断涌现，“天眼”探空、“神舟”飞天、“墨子”传信、高铁奔驰、北斗组网、超算发威、“蛟龙”深潜、大飞机首飞……这都是我们之前介绍过的，此外还有成功研发超导磁共振系统、全球首个基因突变型埃博拉疫苗、阿帕替尼抗肿瘤新药等多项世界领先成就，也都在为我们未来的美好生活发挥着重要作用。

相对于既有成就，更能决定未来创新发展的是全国喜人的创新培养形势：北京、上海已经在加快建设拥有全球影响力的科技创新中心，而众创空间、科技企业更是在全国遍地开花。截止到2018年年底，全国共有各类众创空间5500余家，科技企业孵化器超过4000家，新技术、新业态、新产业、新模式已经逐步成为经济发展的重要驱动力，全国性的创新型经济格局已经在逐步形成。

自中华人民共和国成立以来，最大规模的留学人才“归国潮”已经显现。中国逐步成为全球多极化创新版图当中极为重要的一极，“一带一路”科技创新行动、“科技伙伴计划”、国际大科学工程已经部署实施，中国主动布局并全方位融入全球的创新网络。在历史长河当中，创新决定着文明的走向与未来，在创新作为第一动力的战略引领下，中国的创新故事，必定会越来越精彩。

世界向东看，已经逐渐成为国际社会的习惯性视角。创新，让中华民族伟大复兴之路越走越宽。

中国改变世界创新格局

进入21世纪以来，科技发展一日千里，全球的创新活动也日趋活跃，尤其是创新的全球化和多极化趋势日益显著。创新活跃的区域也在不断发生变化，从过去主要集中在发达国家，开始向以中国为首的新兴经济体转移，新兴国家的技术开始追赶提速，以东亚为核心的亚洲创新崛起，中、日、韩三国的创新能力与成果已经位居世界前列。

同时，全球经济增长对技术创新依赖度也大幅提高。“加强研发，重视创新，投资未来”是当今每个国家和大企业提高竞争力的重要手段。

亚洲创新地位的迅速提高改变了全球创新格局。2015年，亚洲首次超过北美和欧洲，成为企业研发支出最高的地区，也是发达国家企业研发投资的首选地，改变了几十年来的世界创新总体格局。

现在的亚洲不但是全球生产体系中的制造基地，也成为全球创新网络中的创新活跃区。全球的高端生产要素和创新要素都在加速向亚洲转移，在这种大趋势下，亚洲正在成为全球创新的又一核心地带。未来的亚洲将很可能产生若干具有世界影响力的创新城市。

而在这样的大格局和大趋势下，世界看亚洲，亚洲看中国，中国将对世界的创新格局发挥举足轻重的影响。

最近的十多年来，中国研发投入、科技产出和技术能力的快速增长是改变亚洲乃至全球创新格局的决定性因素。如果将中国的贡献剔除，那么无论是在研发投入方面还是技术产出方面，新兴经济体对全球创新格局变化的贡献都大为减少。据估计，中国的研发支出将在2021年超过欧盟和美国，位居世界首位。

未来二三十年里，中国将处于技术追赶的后半程，进入世界前沿的科技领域将逐步增多。中国在一些技术领域正向领军国家迈进。据全世界最大的独立研究机构——美国巴特尔纪念研究所与《研发杂志》联合开展的全球调查显示，在影响未来研发走向的十大关键性领域中，中国全部进入研发领先国家的前5位。该研究所预测中国有望在今后20年左右的时间内实现局部技术的世界领先。

谋求创新的未来

在现在这个时代，创新的全球化和多极化已经是必然的格局，我们国家多年以来都在努力创新，同时利用创新全球化和多极化，提升自己的科技水平与创新能力；也有利于国内企业创新“走出去”，整合全球的相关创新资源，来弥补国内存在的部分技术和人才短板。但也要看到，其他新兴的经济体也在后面紧紧追赶，所以我们也要考虑到未来持续发展的问题，提高自己创新的附加值，加速向中高端产业和创新成果发展升级。我们要提高创新体系的效率，改善创新环境，这样才能在世界创新变局中力争上游。

要在创新要素配置全球化，开放与合作创新日益普遍化的大趋势下，利用好全球的创新资源，在创新变局当中争取主动，一方面要拥有核心技术能力，具备整合资源的实力和筹码，这也是我们国家一直采取从国外购买和自主研发相结合的方式的原因。另一方面，还要建立与现在形势相适应的开放的创新政策体系。一是要继续提高科研投入的力度，加大基础研究强度，夯实创新发展的科技基础。二是推进落实科技管理体制、成果转化机制和科研组织体系等方面的改革，改变创新体系长期低效运行的现有状况，还要推进知识产权保护、阻止人才流失等辅助性的法律法规的建设。

迎接工业革命，建设创新型国家

第四次工业革命近在眼前

我们学历史的时候都学过工业革命，也就是 18 世纪中期开始的蒸汽技术革命（第一次），19 世纪后期的电力技术革命（第二次），还有 20 世纪末开始的计算机及信息技术革命（第三次）。而随着科技的发展，还有创新意识的不断提高，第四次工业革命也已经近在眼前。

如果说第一次工业革命是以英国为核心，第二次工业是以欧美为核心，第三次工业革命是以美国为核心，那么第四次工业革命会以哪里为核心呢？现在还难下定论，但中国势必会在其中扮演非常重要的角色。正如我们在前面章节所介绍的，我国目前已在人工智能、清洁能源、机器人技术、量子信息技术、虚拟现实及生物技术为主的技术革命上有了突出的成就，而这些方面恰恰是第四次工业革命的核心领域所在。

第四次工业革命其实是一场重塑生活当中的方方面面的革命，包括经济、文化、社会、生态等，来自电子、物理、生物界的技术混合在一起，影响力也许会远超前三次，其中一个重大影响在于传统工业正在被颠覆。这次的工业革命是通过数据流自动化技术，从规模经济转向范围经济，以同质化、规模化的成本，构建出异质化、定制化的产业。

跟前三次工业革命相比，第四次工业革命在技术发展和扩散速度上，以及对人类社会影响的深度和广度上，都是前所未有的。

在前三次工业革命时，中国都由于历史原因没能第一时间接触到发展的最前沿，等这些技术传入中国时，已经相对成熟，所以我们只要引进并进行研究就可以了，但也让我们错过了达到世界领先水准的机会。

而第四次工业革命则完全不同，我们国家已经走在了创新的世界前列，有能力也有信心和发达国家一起坐在“头班车”上。那么，事到如今，国家究竟推出了哪些举措呢？

新工业革命改变世界

2018 年 9 月，天津滨海国际机场启用了临时乘机证明自助办理终端，以后那些忘带身份证的乘客可以不必着急上火了，现在只要在该终端输入身份证号码后，屏幕就能自动启动人脸识别功能，将乘客的长相与系统照片进行比对并成功后，一张乘机证明就能被马上打印出来，全过程仅需约 30 秒。“刷脸”搞定乘机证明，这也是第四次工业革命技术在生活中的新应用。

第四次工业革命正在深刻改变人们的日常生活，从电子支付到共享单车，从虚拟现实到无人驾驶……我们的生活在短短几年时间里，就已经有了巨大改变。即便是一种不起眼的新发明，其技术含量也是超乎想象的，以共享单车为例，就集成应用了大量的先进技术，包括智能芯片、射频识别、位置服务、电子围栏、移动支付等，都是新技术的应用。

第四次工业革命影响着产业发展，促使产业结构升级。科技的重大突破往往引发产业的重大变革。以大数据、云计算、物联网、人工智能、3D 打印等新一代信息技术广泛应用为特征的第四次工业革命，推动了传统生产方式和商业模式变革。

变革具体有哪些呢？其实我们前面都介绍过了：移动通信技术的创新，推动无线通信从 2G 时代发展到 5G 时代，直接引起移动通信产业及其相关产业链的深刻变革；机器人技术的不断创新，造就了机器人新产业，“机器换人”成为产业发展趋势；锂电池、充电桩等技术不断创新，使得新能源汽车性能更优异，新能源产业正以爆发式速度增长；传统制造业向互联网智能化方向转变，生产制造与服务的自动化、信息化水平有了大幅度提高……

科技是第一生产力。在第四次工业革命浪潮下，前沿引领技术、现代工程技术、颠覆性技术创新取得的新突破，将为未来的世界发展、经济增长提供最强大的动力。

建设创新型国家

正因为工业革命已经近在眼前，它的影响是如此巨大，党的十九大提出："创新是引领发展的第一动力，是建设现代化经济体系的战略支撑。"国家提出加快建设创新型国家，创新驱动发展战略也成为全国的热点话题。

要想创新发展，就必需要有先进技术，这样才能支撑产业升级。我国正是逐渐拥有了各类先进技术的支撑，才能站在世界科技发展的前沿。举个鲜明的例子，这几年世界高铁技术与产业发展迅速，由于我国拥有了世界上最为完备的科研体系，以此为基础才实现了我国高铁产业的快速发展。过去，是我们国家派留学生去国外学习铁路的相关技术。现在，很多欧美国家留学生慕名而来，学习中国高铁技术，引进中国标准。

超级计算是当今世界各国都在奋力抢占的前沿技术领域。经过多年的加速赶超，中国的超级计算应用无论是在质量上，还是数量上都已是世界领先水平。过去在超算领域，我们受制于人，外国经常"漫天要价"，而现在，外国反过来要经常派专家来参观学习。

"天宫""蛟龙""天眼"等重大工程所需的几乎所有的国产化高端

合金材料全部由中铝公司提供。科技创新，让我国有色金属产业实现跨越式发展，更打破了国外的技术垄断和封锁，通过大力推动科技创新和加快成果落地，实现了“乘数效应”，行业从初级产品向高附加值终端产品转型的步伐大大加快了。同时，我国已连续 8 年成为世界最大的汽车产销国，自主品牌市场占有率已超 50%，依靠的就是始终重视强化自主创新能力和发展自主品牌。这都是我国工业产业创新的典型事例。

走向世界，惠及全球的中国创新

前沿科技的全球未来引领者

近几年来，中国在前沿科技方面有了飞速的发展，C919 创造了新的“中国高度”；“复兴号”疾驰出“中国速度”；北斗卫星导航系统显示了“中国精度”;“蛟龙”“海翼”“深海勇士”成就了“中国深度”……中国的系列创新成就让世界不断感到震撼。

同时，海外的各国人民也在持续关注中国创新的最新进展：“华龙一号”核电项目一机组穹顶吊装获得成功，马上成为海外社交媒体平台上的热门话题，有海外人士高呼“太神奇了”。更重要的是，“华龙一号”核电项目是未来将在英国建设的“华龙一号”项目的参考电站。中国核电技术有朝一日能够出口英国，这是绝大多数外国人都没想到的。布莱恩·尼古拉斯是美国核工业部门的高级操作员，他在推特上评论说：“中国能走到这一步，真的很神奇。”不只是英国，中国现在已与阿根廷、肯尼亚、巴西等近20个国家达成了核电合作意向。

过去普遍被认为是中国工业短板的航空工业，同样让世界刮目相看。在参观国产大飞机C919的整装车间时，俄罗斯记者说得最多的两句话就是："我的天啊!""快看这儿!"过去只能进口发达国家生产的大飞机的中国，如今国产大飞机C919获得的国外订单已超过800架。

在量子通信方面，中国已经领跑世界。2017年6月，中国科学家在美国《科学》杂志上发表报告说，中国在世界上首次实现千千米量级的量子纠缠。在2018中国国际大数据产业博览会开幕式上，中国科学院院士潘建伟表示，目前已实现北京和奥地利维也纳之间的洲际量子通信实验。

世界银行前经济学家、肯尼亚学者姆旺吉·瓦吉拉预测："近年来，中国在科技领域不断取得令世人震惊的成就，正在成为掌握诸多前沿科技的全球引领者。"

惠及全球的中国创新

"泰国总下雨，是否可以搞一个在下雨天也能拍照的卫星?"2005年，泰国公主诗琳通针对中国的北斗导航系统提出了自己的建议，中科院院士李德仁热情为她解答了疑问，并与她成了朋友。当时，李德仁肯定地表示："可以呀，搞个雷达卫星就能穿透云层了。"

诗琳通喜出望外，随后马上安排泰国科技部长访华，主抓中泰的北斗导航系统合作。如今，中国的北斗导航系统已经全面进入泰国，在泰国的智慧交通、海洋渔业等领域发挥作用。按照北斗导航的整体发展规划，中国将建成世界一流的全球导航系统，为全球人民提供导航服务。

除了天上的卫星导航在为世界人民做指路明灯外，在大地上，中国高铁也在向世界提供中国速度和中国标准。现在，非洲的肯尼亚人乘坐用中国铁路技术修建的蒙内铁路（蒙巴萨—内罗毕），下午2∶30从首都内罗毕出发，晚上7∶20就能到达480千米之外的蒙巴萨。这条铁路线建成通车时，肯尼亚总统肯雅塔穿一身红衣，身处蒙巴萨站台欢声沸腾的人群中，亲自挥舞巨大的国旗，送走了蒙内铁路上首列货运列车。当天，总统激动地在推特上连发了11条消息，以记录该国的这一重大历史时刻。中国团队用了2年半的时间，帮助肯尼亚人民圆了铁路梦。

蒙内铁路是中国首次将国内的全套铁路标准出口到海外。目前，中国已经形成了具有完全自主知识产权和世界先进水平的高铁技术体系，现在，全球已经有100多个国家和地区能够找到中国铁路和中国标准的身影。

随着第四代工业革命的发展，新一代信息技术也在成为中国连接世界的重要纽带。马来西亚吉隆坡机场的国际超级物流枢纽中，来自中国的智能搬运机器人，正在大数据和人工智能技术的指引下，精准地运送货架。这批机器人的工作效率要比人工高3倍。这里是中国在境外打造的首个超级物流枢纽，开启了科技驱动的新物流时代。

除了人工智能外，中国的云计算技术也在加速走出国门。2018年4月23日，腾讯云泰国数据中心正式对外开放，面向泰国本地及周边区域，就近提供云计算、大数据及人工智能产品和技术服务。同月，阿里云打入土耳其市场，为当地提供弹性计算、数据库服务以及大数据等系列多样化产品。

面对中国这样如火如荼的创新成就和对外输出，世界著名媒体《华尔街日报》刊文称，中国正努力重现历史辉煌，在科技创新上“重回世界之巅”。

留学生眼中的中国创新

改革开放之初，我们国家的很多产业才刚刚起步，还不具备生产高端的、具有高附加值的产品的条件，于是服装、鞋袜、低端手机几乎成为中国制造的标签，那是当时中国制造业还不够发达的象征。而现在，高度开放和具有高度创新性的中国已经笑迎八方来客，将自己的种种科技成就融入日常生活，向世界展示中国技术和中国风度。

随着改革开放的不断深入，尤其是“一带一路”倡议实施以来，越来越多的外国留学生不远万里来到中国，学习中国的科技、文化，那么在他们眼中，中国的哪些科技创新最值得关注呢?

2018 年 5 月，来自“一带一路”沿线的 20 国青年评选出了“中国的新四大发明”——高铁、扫码支付、共享单车和网购。虽然这四项并不全是中国发明的，但中国使得它们深刻融入人们的生活，改变了世界对它们的印象。

高铁大幅度提高了出行速度，缩短了人们出行所需要的时间，改变了生活。中国高铁是世界上速度最快的铁路系统，如今已经基本建成了世界上最大的“四纵四横”高铁网络，而“八纵八横”高铁网络也已规划完毕。中国在高速铁路上的突出成绩也让许多国家认可了中国铁路方面的制造实力，现在中国除了铺设规划本国的高速铁路网络之外，也为国外许多国家生产铁路相关产品和建造铁路。

移动支付彻底改变了以前人们外出必备的三大件——钱包、钥匙、手机。现在，只需一个手机就够了，钱包和钥匙都可以用手机代替。现在几乎所有的商户都可以使用支付宝、微信等进行移动支付，手机一扫，钱已到账。而实体的钥匙，也正被指纹锁、声纹锁、脸部识别开锁等取代。移动支付如今也已经登陆许多其他国家和地区，同样让国外消费者的支付更加便捷。

共享单车作为“共享经济”的代表，已经成为绿色低碳、节能环保出行方式的代名词。共享单车如今不但遍布全国，在美国、英国、德国、意大利等国家的街头都可以见到它们的身影。

网络购物，已经彻底改变了人们的购物方式。只需轻轻一点手机，商品就会在几天之内送到。网络购物也带动了诸多电商平台和物流公司的发展，它们共同组成了中国庞大的网络购物生态，改变了人们的消费模式。

这四样创新改变了中国，影响着世界，也在向世界人民宣示，中国人民有着无穷的创造力，今后会继续创造更多让世界惊叹的“中国发明”。

第二节　中国创新机制，筑梦未来发展

区域示范基地，保证创新长效发展

追梦创新谱新篇

1978—2018年，改革开放40年仿佛白驹过隙，北京中关村从默默无闻之地到成为中国的创新创业的重要基地之一。在这里，诞生了一个又一个创新创业奇迹，成就了一位又一位创新创业英雄，讲述了一段又一段创新创业传奇。

从“电子一条街”，到“新技术产业开发试验区”；从全国首家国家高新区，到国家第一批自主创新示范区，这里始终站在中国创业创新的潮头。陈春先、纪世瀛、柳传志、俞敏洪、李彦宏、雷军……每一代“中关村人”都见证着中关村的创新发展，留下无数饱含智慧的创业创新故事。这里诞生过我国第一家民营科技企业，第一家不核定经营范围的企业，第一家无形资产占注册资本100%的企业，第一家有限合伙投资机构，第一支政府引导基金……中关村的发展历程，是中国几十年来创业创新发展的一个缩影。

在中关村创业30多年，如今成为无数中国人创业创新偶像的柳传志感言：“我去过欧洲，走访拉美，到过东南亚。我想说，哪儿的企业家都不如中国企业家有积极向上，要奔向前的劲头。”

中关村创新发展40年，老一辈的中关村人在海淀区这片热土上拼搏奋斗，年轻一辈踏着前人开辟的道路大步向前。在2016年，海淀区成为国家首批创业创新示范基地之一，海淀区委、区政府为助力创新创业梦想实现而搭建了创业合伙人平台，各位创新合伙人构成了海淀创新生态体系的重要一环。

“创新合伙人”计划着力打造政府与企业在原始创新过程中的新型伙伴关系，让科技创新主体成为中关村科学城的主人。

海淀走出了一条矢志创新引领、探索创新驱动、坚持创新发展之路。目前，海淀区的金融机构总数已突破3000家，上市、挂牌公司超过950家；每天有超过50家科技企业诞生，国家高新技术企业超过1万家，占北京市的45%。独角兽企业31家，在全国独占鳌头。2017年，海淀区每万人发明专利拥有量272件，是全国平均水平的28倍，接近美国硅谷水平。

展望未来，海淀将朝着建设具有全球影响力的全国科技创新中心核心区目标前进，进一步将海淀建设成为引领全国创新的核心区域。

建设国家创业创新示范区

2016年5月，国务院发布了《国务院办公厅关于建设大众创业万众创新示范基地的实施意见》，其中提出：“为在更大范围、更高层次、更深程度上推进大众创业万众创新，加快发展新经济、培育发展新动能、打造发展新引擎，建设一批双创示范基地、扶持一批双创支撑平台、突破一批阻碍双创发展的政策障碍、形成一批可复制可推广的双创模式和典型经验，重点围绕创业、创新重点改革领域开展试点示范。”并选出了首批双创示范基地，其中有区域示范基地 17 个、高校和科研院所示范基地 4 个、企业示范基地 7 个。2017 年 6 月，国家又公布了区域示范基地 45 个，高校和科研院所示范基地 26 个，企业示范基地 21 个。

国家在新时期提出“建设创新型国家”“大众创业，万众创新”的号召和相关政策，就是为了保证国家的科技创新能力和经济发展潜力。

北京市海淀区，就是国家选出的首批创业创新区域示范基地之一。国家要求区域示范基地以创业、创新资源集聚区域为重点，集聚资本、人才、技术、政策等优势资源，探索形成区域性的创业、创新扶持制度体系和经验。

创业创新区域示范基地的建设重点：

1. 推进服务型政府建设。进一步转变政府职能，简政放权、优化服务，降低创业、创新成本。建立创业政策集中发布平台，完善专业化、网络化服务体系，增强创业、创新信息透明度。就像我们在介绍智能型城市和大数据时提到的，杭州市和贵州省已经在这方面做出了有益的探索，并且已经初获成效。

2. 完善双创政策措施。加强政府部门的协调联动，多管齐下抓好已出台政策落实，强化知识产权保护。

3. 扩大创业投资来源。落实鼓励创业投资发展的税收优惠政策，营造创业投资、天使投资发展的良好环境。

4. 构建创业、创新生态。加强创业培训、技术服务、信息和中介服务、知识产权交易、国际合作等支撑平台建设，深入实施“互联网+”行动，加快发展物联网、大数据、云计算等平台。

5. 加强双创文化建设。通过公益讲坛、创业论坛、创业培训等形式多样的活动，努力营造鼓励创新、宽容失败的社会氛围。

创业创新带来中国的改变

从2013年到2019年，全国创新驱动发展成果丰硕。全社会研发投入年均增长11%，规模跃居世界第二位。科技进步贡献率由52.2%提高到57.5%。重大创新成果不断涌现。“互联网+”广泛融入各行各业。大众创业、万众创新蓬勃发展，日均新设企业由5000多户增加到1.6万多户。快速崛起的创新新动能，正在重塑经济增长格局、深刻改变生产生活方式，成为中国创新发展的新标志。

我国实施创新驱动发展战略，优化创新生态，深化科技成果权益管理改革。支持北京、上海建设科技创新中心，新设14个国家自主创新示范区，带动形成一批区域创新高地。以企业为主体加强技术创新体系建设，涌现一批具有国际竞争力的创新型企业和新型研发机构。深入开展大众创业、万众创新，实施普惠性支持政策，完善孵化体系。各类市场主体达到9800多万户，5年增加70%以上。国内有效发明专利拥有量增加2倍，技术交易额翻了一番。我国科技创新由跟跑为主转向更多领域并跑、领跑，成为全球瞩目的创新创业热土。

高校和科研院所，创新的源头

千姿百态的高校创新成果

自从党的十九大提出建设创新型国家以来，全国各大高校都在积极开展鼓励创新的活动，各地也都相继取得了非常好的创新性成果。例如，一些高校的学生们自主研发了一群造型可爱的机器人，它们头披花头巾、戴金色斗笠，上穿湖蓝色的斜襟短衫，下穿宽大的黑裤，它们分四排走到高校成果展舞台的右侧，然后，跟着鱼贯入场，开始跟随音乐的节奏跳起传统的拍胸舞，一会儿叉腰俯身，一会儿仰面拍胸，让围观的人忍不住拍手惊叹。这些机器人完全由高校学生自主研制，将传统的非物质文化遗产与现代科技相结合，将古典之美与现代科技之精共同展现得淋漓尽致。

有高校学生还设计了一款全新的电动单车，使用高密度容量锂电池，电池重量仅有1斤左右，充电30分钟即可充满，可以满足行驶30千米的需要。这款单车在未来很可能借鉴手机充电宝的充电模式，解决电动单车充电麻烦的问题。

为了响应国家“绿水青山就是金山银山”的号召，部分高校学生在老师的指导下，研发了染整废水深度处理系统。这个系统针对传统的污水排放大户纺织染整行业的废水处理，研发了全新的深度处理技术，处理后的水质可以达到自来水的标准，日处理能力1000吨，目前正在攻克日处理 1 万吨的技术大关。未来该项目有望在全国进行推广应用，将很好地解决纺织染整行业的废水处理难题。

金属生锈的难题一直困扰着人们，所以在工业上，有时经常要对铁锈进行清洗，但传统的清洗方法经常会给环境带来较大的污染。为了寻找更清洁的清洗方式，有高校学生开发了激光环保清洗机器人系统，运用激光清洁物体表面附着物、油污、锈斑。激光清洗对人体和环境是无害的，同时还不会损伤材料。清洗对象包括钢、铝合金、钛合金、玻璃和复合材料等，在汽车工业、五金模具、建筑建材、船舶、高铁、航空航天、核电和海洋航行等领域，都有着非常好的应用前景。

高校创新能力的大发展

国家未来的发展，最终还是要取决于年轻人，尤其是那些接受过高等教育的大学生和基层科研工作者，所以高校和科研院所才是我们国家创新的真正源头，从源头抓创新，才是建设创新型国家的重要保障。

我们国家作为当今世界第二大科研投入与科研产出国家，自然要有庞大的科研队伍和巨额的科研经费。而作为科研发展的重要基础，我国高校的科研经费支出也在不断提高，2015 年达到了 998.6 亿元，是 2006 年的 3.6 倍。

目前，全国依托高校建设的国家重点实验室达到了 131 个，占全国重点实验室的 60% 以上；依托高校建设的国家工程技术研究中心有 100 个、国家工程研究中心为 30 个、国家工程实验室有 57 个。高校牵头承担国家重大科技基础设施建设项目 12 项。

我们国家积极和国际科学界进行往来，并投身于国际科研项目的联合研发，使得我国科研队伍在国际的影响力持续提升，尤其是各高校的科研院所更是成就极多，与世界频繁接轨：近年来，我国除了研究自己的热核反应堆外，还积极参与国际热核聚变实验堆（ITER）的研制；让自己的天眼卫星进入太空的同时，也参与了国际平方千米阵列射电望远镜（SKA）的研发；在进行国内的基因研究的同时，也积极投身国际人类基因组计划，并做出了突出贡献……我国参与的诸如此类的国际大型科研工程和科研计划不胜枚举。此外，我们国家的一些优秀学者受邀在国际重要学术会议上做特邀、专题和主题报告，也已经是常态化的事情了。

国家高校牵头承担了 80% 以上的国家自然科学基金项目，和一大批 973、863 等国家重大科技任务。在暗物质、干细胞、量子通信、超级计算机等研究领域取得了一批具有重大国际学术影响力的标志性研究成果。

高校还主动服务国民经济，在实现科技为经济服务，实现新跨越发展上，有了诸多贡献。例如，西南交通大学、北京交通大学、中南大学等高校围绕高铁列车设计、共性基础技术、轨道建设技术等方面开展协同攻关，助力我国高铁走向世界。

高校还在专利申请和授权方面有了飞速增长。以 2015 年为例，全国高校的专利授权量为 13.6 万件，其中发明专利授权量是 5.7 万件，超过全国总量的 1/5，是 10 年前的 9.2 倍。

高校创新，见微知著

说了一大串数据，似乎离我们太远了点，其实我们来举一个高校创新的实际例子，就好理解多了。我们每天都要在电视上、网络上查看天气预报，聆听空气质量实时情况，来决定我们当天出门的穿着打扮，而这些数据到底是怎么来的呢？很多人都会说当然是依靠气象卫星了！这话倒是没错，但卫星为什么能预报这些呢？很多人就回答不出来了。其实卫星能预报天气，一方面是依靠太空照片和实时影像，方便地面上的科学家进行分析，另一方面还要依靠太空遥感技术。

什么是太空遥感技术呢？遥感就是“遥远感知”的意思，即借助科学技术手段，让卫星能够在太空遥远地感知地球表面乃至地下区域的情况。太空遥感技术可太重要了，除了能预报天气，还可以寻找地下存在的矿藏，帮助绘制精确地图，也是实现电子导航的必备技术，还能预估农业产量、预报可能出现的地质灾害等，可以说我们的生活已经离不开遥感技术了。

在过去很长的一段时间里，我们国产的光学遥感卫星的几何定位精度，与国外的同类卫星相比存在不小的差距，直接影响到很多技术的实际应用。因此，卫星上的很多关键零件和关键科研数据，都需要从国外购买，而且有很大的局限性，很多科研项目因此被处处掣肘。为了改变这样的现状，武汉大学积极开展国产高分辨率卫星的设计论证，研制了多种型号的国产卫星影像数据处理系统，使得我国的卫星遥感技术精度飞速发展，全面优于法国、日本和印度等国的同类卫星，在国际同类卫星中居领先地位，彻底结束了我国遥感卫星几何精度不高，无法用于精确测图的历史。

有了这样优秀的遥感技术，我们国家采用遥感大数据挖掘方法，首次揭示了叙利亚等热点区域社会经济发展态势，结果被联合国安理会引用，产生了广泛的国际影响。我国的遥感仪器也从此今非昔比，开始走向世界，被多个国家进口。

这只是我国高校创新成果中的一个典型与无数成果中的一个。也正是依靠国内各大高校和科研院所的不懈努力，才有了今天欣欣向荣的高校创新环境和无数的创新成就。

企业创新，奏响世界经济最强音

鼓励企业创新，推动数字中国

我们国家现在拥有全球最大的电子商务市场，在全球的交易额已经超过40%，在自动驾驶汽车、3D打印、机器人技术、无人机和人工智能等领域，中国占据的风险投资规模位列世界前三。全世界有1/3的独角兽企业（估值超过10亿美元的初创企业）是中国公司，中国云提供商的运算效率是世界第一。

推动中国数字经济取得如此重大进步的，主要是阿里巴巴、腾讯、字节跳动、美团等大型互联网企业，互联网的服务已经进入大规模商业化阶段，并且为全世界都带来了可供借鉴的新商业模式，都拥有在各个领域多达数亿人的活跃用户。如今，这些互联网企业正利用自身优势投资中国的数字生态系统，以及在越来越大的程度上定义数字生态系统的新兴创业群体。

中国处在移动支付发展的前沿，有超过6亿的中国手机用户能够进行几乎免费的点对点交易，中国的移动支付基础设施所处理的交易量已经远超美国的第三方移动支付市场，这些基础设施将成为进行更多创新的平台。

随着企业技术能力越来越强，中国的市场优势也正转化为数据优势，这对于支持人工智能的发展是至关重要的。

中国企业的另一个重要发展趋势是“线上线下融合（OMO）”，也就是物质世界变得数字化，企业可以知道消费者所在的位置、动向与身份，随后传输这些数据，用来影响消费者的在线体验。比如，OMO商店会配备一部分传感器，这些传感器可以无缝识别客户身份，分析出其潜在的消费倾向。中国如今已经确保了自身在OMO领域的世界领先地位。

政府、企业联动，铺就创新之路

为了迎接数字化未来的发展大方向，政府为中国成为世界数字强国的未来制订了宏伟的计划。由国务院主导的“大众创业、万众创新”项目为全国带来了8000多个孵化器和加速器。政府的“创业投资引导基金”为风险投资和私募股权投资者总共提供了274亿美元，虽然属于被动性投资，但拥有特殊的赎回激励措施。政府现在正调动资源，投入1800亿美元，用于在未来7年之内建造本国的5G移动网络，并且在为量子技术的持续发展提供支持。

国务院还发布了发展人工智能技术的指导方针，目标是到2030年使中国成为全球人工智能创新中心。目前正在建设中的雄安新区，有希望成为第一个为自动驾驶车辆设计的“智慧城市”。

现在，国家要求充分发挥创新能力突出、创业氛围浓厚、资源整合能力强的领军企业的核心作用，引导企业转型发展与创新结合，大力推动科技创新和体制机制创新。希望能够构建适合创业、创新的企业管理体系，激发企业员工创造力，拓展创业、创新投融资渠道，开放企业创业、创新资源。

创新，从我们身边做起

上面介绍了这么多概括性的东西，但说起创新，尤其是企业层面的创新，很多人都觉得和我们的日常生活很遥远，总是和一些高大上的技术和科研联系在一起。其实创新有时未必需要多么高大上的思想和技术，但一定要有细致入微的观察能力、勤学苦思的努力、从身边发现机遇的睿智想法。

例如，我们每天都在自己做饭或是看着别人做饭，但有谁统计过我们做一顿饭时要弯腰多少次去调节火候，尤其是做炖菜的时候？虽然我们对此早已习以为常，但就有企业专门对此下功夫去调查研究，利用现代的蓝牙技术，设计出将火候控制遥控设备安装在锅柄上的电炒锅，这样无须弯腰就可以直接利用锅柄上的触控屏幕进行调节了。依靠这种对日常生活的细致观察，这家企业的产品获得了极大成功，还申请了专利。

近些年来，物联网这个概念非常流行，也就是通过数字化、信息化的设备及时反馈物流和销售的情况。那么这种概念和产业是怎么提出来的呢？过去有一家企业的口红专卖店，把各种各样的口红放在货架上，让消费者自己去挑。有一天，店员在晚上结算时，才发现红的卖得多、紫的卖得少。经过统计分析发现，最受欢迎的口红，上午 10 点就卖完了，但此时商店不知道，工厂不知道，没能及时补货和上架，导致错过了很多商机。怎么解决这个问题呢？这个企业雇用数字化信息技术人员进行设计，采用无线射频技术，卖掉一个口红就会向后台发射一个信号，后台接收到信号后，会对货品的数量进行实时更新，这样一旦即将缺货，就会马上提示相关管理人员。这就是万物互联的一种表现形式。其实，创新并没有那么复杂，也许就隐藏在我们身边无数个小细节里，但需要我们去勤加思考、多做假设，这样才能真正做到创新。

参考资料

[1] 习近平 . 决胜全面建成小康社会 夺取新时代中国特色社会主义伟大胜利：在中国共产党第十九次全国代表大会上的报告 [M]. 北京：人民出版社，2017.

[2] 党的十九大报告辅导读本 [M]. 北京：人民出版社，2017.

[3] 习总书记 2016、2017、2018、2019 年新年致辞讲话稿中关于科技成就的部分 .

[4]《辉煌中国》编写组 . 辉煌中国 [M]. 北京：人民出版社，2017.

[5]“砥砺奋进的五年”大型成就展网上展馆 . http://dlfj5.cctv.com/tour.html.

[6] 杨新年，陈宏愚，等 . 当代中国科技史 [M]. 北京：知识产权出版社，2014.

[7] 孟艾芳 . 中国红色经典案例：科技发展与创新成就 [M]. 太原：山西教育出版社，2014.

[8] 施鹤群 . 科技成就铸辉煌：中国创造 [M]. 昆明：晨光出版社，2018.

[9] 桂长林 . 中国科技成就概览 [M]. 合肥：合肥工业大学出版社，2013.

[10]《新中国 60 年重大科技成就巡礼》编写组 . 新中国 60 年重大科技成就巡礼 [M]. 北京：人民出版社，2009.

[11]《改革开放 40 年科技成就撷英》编写组 . 改革开放 40 年科技成就撷英 [M]. 北京：中国科学技术出版社，2018.

[12] 陈闽慷，茹家欣 . 神箭凌霄：长征系列火箭的发展历程 [M]. 上海：上海科技教育出版社，2017.

[13] 卢风，等 . 生态文明新论 [M]. 北京：中国科学技术出版社，2013.

[14] 王昌林 . 大众创业万众创新理论初探 [M]. 北京：人民出版社，2018.